全国煤矿三项岗位人员

煤 矿 防 突 作 业

国家煤矿安全监察局行管司　组织编写

主　　编　陈　雄

公共部分主编　李洪恩

副 主 编　王建湘　赵铁桥

编写人员　（按姓氏笔画排序）

王建湘　李永坤　李洪恩　陈　雄

赵铁桥　蒋　锐　蒋和财

中国矿业大学出版社

内容提要

本书重点介绍了煤矿安全生产方针及法律法规、防突作业人员职业特殊性及职业危害防治、煤矿开采基本知识、矿井事故及其防治、煤与瓦斯突出的基础、煤与瓦斯突出危险性预测、防突技术措施、防突措施的效果检验与安全防护、防突技术资料与整理、防突技术操作、自救互救与安全避险等内容。

本书是煤矿防突作业人员取得全国煤矿特种作业操作资格证培训考核的统编教材,也可供煤矿企业单位有关基层管理人员、工程技术人员及相关作业人员学习参考。

图书在版编目(CIP)数据

煤矿防突作业/陈雄主编 . —徐州：中国矿业大学出版社，2014.10

全国煤矿三项岗位人员安全培训统编教材

ISBN 978-7-5646-2270-1

Ⅰ.①煤… Ⅱ.①陈… Ⅲ.①煤突出－预防－安全培训－教材②瓦斯突出－预防－安全培训－教材 Ⅳ.①TD713

中国版本图书馆 CIP 数据核字(2014)第 026406 号

书 名	煤矿防突作业
组织编写	国家煤矿安全监察局行管司
主 编	陈 雄
责任编辑	何晓惠 周 丽
出版发行	中国矿业大学出版社有限责任公司
	(江苏省徐州市解放南路 邮编 221008)
营销热线	(0516)83885307 83884995
出版服务	(0516)83885767 83884920
网 址	http://www.cumtp.com E-mail:cumtpvip@cumtp.com
印 刷	北京市密东印刷有限公司
开 本	850×1168 1/32 印张 8.75 字数 235 千字
版次印次	2014 年 10 月第 1 版 2014 年 10 月第 1 次印刷
定 价	23.00 元

(图书出现印装质量问题,本社负责调换)

国家煤矿安全监察局司函

煤安监司函行管〔2014〕8号

国家煤矿安全监察局行管司关于推荐使用
煤矿三项岗位人员安全培训统编教材的通知

各产煤省、自治区、直辖市及新疆生产建设兵团煤炭行业管理部门、煤矿安全监管部门，各省级煤矿安全监察局：

由国家煤矿安全监察局行管司组织编写的煤矿三项岗位人员安全培训统编教材（目录见附件）已经出版。

该套教材以国家最新颁布的煤矿安全生产相关法律法规、标准制度为依据，紧扣煤矿三项岗位人员培训大纲和考核标准。主要负责人和安全生产管理人员教材突出针对性，特种作业人员教材突出实际操作技能，语言简练，通俗易懂，力求使特种作业人员"看得懂，记得住，用得上"。

现推荐在全国煤矿三项岗位人员安全培训中使用该套教材，请需要的单位与国家安全监管总局培训中心和中国矿业大学（北京）联系。

国家安全监管总局培训中心负责煤矿主要负责人和安全生产管理人员安全培训教材，联系人：郝红；联系电话：010—84273591，13501214201。

中国矿业大学(北京)负责煤矿特种作业人员安全培训教材。
联系人:刘社育;联系电话:010－62339116,13901398012。

附件:煤矿三项岗位人员安全培训统编教材目录

国家煤矿安全监察局行管司
2014 年 10 月 9 日

全国煤矿三项岗位人员安全培训统编教材
编审人员名单

编审人员（按姓氏笔画排序）

乃成龙	于明科	于警伟	万元林	马文杰	马晓君
马跃龙	马殿林	王 莉	王 毅	王云泉	王玉贵
王东禹	王永平	王永湘	王庆贺	王运红	王勋章
王建明	王建湘	王晓东	王培盛	王霄梅	尹水云
尹森山	卢道民	田子建	田水承	田军利	史延明
史宗保	付 强	兰善敏	冯秋登	冯建国	刑 军
吕建青	吕梦微	朱屹生	朱海军	任连贵	刘卫东
刘世才	刘长岭	刘文革	刘书锦	刘汉杰	刘志平
刘社育	刘其志	刘洪振	刘振民	刘雪松	刘超捷
闫映宏	安景旺	许万里	许胜军	孙 杰	孙广军
孙守靖	孙茂来	孙金德	孙根天	毕 庆	杜春立
李 明	李 谨	李士峰	李广利	李玉山	李玉祥
李占岭	李永坤	李有强	李沛涛	李洪恩	李美锦
李建军	李雪松	李德海	严正海	苏鹤鸣	吴 兵
杨世模	杨海强	杨耀武	肖云河	肖亚萍	肖知国
时念科	何万库	何景利	汪 波	沈 剑	沈国才
张凤杰	张加林	张当俊	张安坤	张红芒	张连清
张忠贵	张彦宾	张济民	张建军	张梅丽	张满余
陈 鸣	陈 雄	陈月琴	陈永龙	陈仲元	陈建康

陈铁华　陈海丰　陈熙平　邵扣忠　林　玲　林在税
尚文忠　尚梦强　金　成　金永祥　金淑梅　瓮立平
周小娟　周为军　周心权　周立辉　周张庚　郑文凯
郑法江　孟凡喜　孟俊杰　赵　俊　赵文莉　赵玉启
赵冬柏　赵国平　赵学义　赵鸣放　赵铁桥　赵爱丽
郝　红　胡祥军　胡献伍　姜传军　姜铁明　姜新成
宫尚禹　骆大勇　姚　娥　耿祥瑞　聂万军　贾文飞
原　斌　顾　荣　徐会军　郭　刚　郭永卿　郭建卿
郭瑞京　黄　质　黄定国　龚声武　崔芳鹏　盖文仁
寇　猛　尉茂荣　韩双琪　韩忠良　葛宝臻　董天文
董毓智　蒋　锐　蒋天才　蒋和财　程　伟　程景军
程继平　曾平江　曾宪荣　傅先杰　童　碧　谢圣权
谢家旺　楼建国　雷　静　解志存　翟君武　翟洪涛
缪　昶　黎云山

前　　言

　　按照国家安全监管总局、国家煤矿安监局"加强安全培训大纲和教材建设，根据不同类别、不同层次、不同岗位人员需要，组织编写安全培训教材"的要求，为提高煤矿"三项岗位人员"培训质量，促进煤矿安全生产形势持续稳定好转，针对煤矿"三项岗位人员"工作特点，结合当前安全培训工作的实际，国家煤矿安监局组织编写了这套《全国煤矿三项岗位人员安全培训统编教材》。

　　这套教材是在来自全国各省级煤矿安全培训主管部门、有关高校、安全培训机构和煤矿企业等单位具有较高水平和较强责任感的近两百名专家共同参与下完成的。教材的编写以国家最新颁布的煤矿安全生产相关法律法规、标准为依据，紧密结合煤矿"三项岗位人员"培训大纲和考核要求（AQ标准），并紧扣煤矿"三项岗位人员"考试题库（国家题库）。煤矿主要负责人和安全生产管理人员培训教材把教、学、考、用相结合，突出了标准性、科学性和新颖性；体现了针对性、实用性和可操作性。特种作业人员教材突出实际操作技能，语言简练，通俗易懂，力求使不同地区的特种作业人员"看得懂，记得住，用得上"，具有较强的创新性、针对性、实用性。在确保出精品教材原则的要求下，编审人员严把质量关，对提纲反复推敲，对书稿内容字斟句酌,精益求精,确保其先进性、科学性、系统性。

这套教材是全国煤矿"三项岗位人员"安全培训统编教材,主要供全国煤矿"三项岗位人员"安全培训和学习使用。

在教材编审过程中,得到了北京、吉林、河南、广西、甘肃省(市、区)安监局,河北、山西、内蒙古、辽宁、吉林、黑龙江、江苏、福建、江西、山东、河南、湖北、湖南、重庆、四川、贵州、云南、陕西、青海、宁夏、新疆、新疆兵团煤监局,山西省煤炭工业厅、内蒙古煤炭工业局、辽宁省煤炭工业管理局、黑龙江省煤炭生产安全管理局、安徽省经济和信息化委员会、山东省煤炭工业局、湖南省煤炭工业局、陕西省煤炭生产安全监管局,黑龙江七台河安监局,神华集团、中煤集团、开滦集团、大同煤矿集团、潞安矿业集团、晋城煤业集团、淮北矿业集团、淮南矿业集团、安徽国投新集集团、兖矿集团、河南煤业化工集团、河南郑州煤炭工业集团、焦作煤业集团、重庆恒宇矿业公司、重庆能源松藻煤电公司,国家安全监管总局培训中心、冀中能源邯郸矿业集团培训中心、开滦安全技术培训中心、峰峰集团安全技术培训中心、山西煤矿安全技术培训中心、大同煤矿集团安全技术培训中心、山西西山安全技术培训中心、山西汾西安全技术培训中心、内蒙古煤矿安全培训中心、内蒙古平庄煤业培训中心、辽宁抚顺集团公司安全培训中心、黑龙江龙煤集团安全培训中心、江苏煤矿安全技术培训中心、山东煤矿安全技术培训中心、兖州煤业股份有限公司安全技能培训中心、河南平煤天安安全培训中心、湖南长沙煤矿安全技术培训中心、江西萍乡煤业集团培训中心、四川煤矿安全培训中心、四川矿山安全技术培训中心、陕西煤业化工集团铜川培训中心,中国矿业大学(北京)、中国矿业大学、河南理工大学、西安科技大学、山西潞安职业技术学院、重庆工程职业技术学院、四川师范大学工学院等单位的大力支持。在此,谨向上述单位表示衷心的感谢!

2014 年 10 月

目　　录

第一章　煤矿安全生产方针及法律法规

第一节　煤矿安全生产概述

一、煤矿安全生产形势

近年来,在党中央、国务院的领导下,我国煤矿安全生产呈现了总体稳定、趋向好转的发展态势,事故总量逐年减少,主要指标持续下降。2013 年全国煤矿事故起数 604 起,死亡 1 067 人,同比分别下降 23.8% 和 23.7%,其中,重特大事故起数 14 起,死亡 245 人,同比分别下降 12.5% 和 10.3%;较大事故起数 46 起,死亡 225 人,同比分别下降 35.6% 和 37%。2013 年百万吨死亡率为 0.293,首次降到 0.3 以下,同比下降 21.7%。2004 年 1～7 月,煤矿事故 308 起,死亡 536 人,同比下降 16.1% 和 22.4%;重大事故 7 起,死亡 111 人,同比下降 30% 和 33.1%;没有发生特别重大事故。但是,我们必须清醒认识到当前煤矿安全生产形势是稳中有忧、稳中有险,形势仍然十分严峻。主要体现在:

（1）煤矿事故总量仍然偏大。

（2）重、特大事故没有得到根本遏制。

（3）非法违法、超层越界行为仍然严重,同类事故重复发生。

（4）煤矿企业安全投入不足,事故风险加大。

（5）瓦斯爆炸、煤与瓦斯突出事故仍然较多。

由此可见,煤矿安全工作仍然面临很大的压力和挑战。2014 年 6 月 6 日,中共中央总书记、国家主席、中央军委主席习近平就做好安全生产工作作出重要指示:"接连发生的重特大安全生产事故,造成重大人员伤亡和财产损失,必须引起高度重视。人命关天,发展绝不能以牺牲人的生命为代价。这必须作为一条不可逾越的红线。"因此,要充分认识当前煤矿安全生产形势的严峻性,牢固树立红线意识,坚定以人为本、生命至上、安全发展的工作方向,进一步增强遏制重特大事故的紧迫感,强力推进《煤矿矿长保护矿工生命安全七条规定》和煤矿安全治本攻坚七条举措"双七条"贯彻落实,全面落实煤矿安全质量标准化管理,促进煤矿安全生产形势稳定好转。

二、煤矿安全生产方针的内涵

(一)煤矿安全生产方针的内容

安全生产方针是国家对安全生产工作总的要求,是安全生产工作的指导思想和行为准则。

我国煤矿安全生产方针是"安全第一,预防为主,综合治理"。它是党和国家为确保广大劳动者的身体健康和生命安全,确保国家、集体、个人财产不受损失,确保生产的安全持续进行而制定的安全生产方针。

(二)煤矿安全生产方针的含义

1. 安全第一

"安全第一"是指强调安全,强调人的生命与健康高于一切,安全优先,以人为本,把安全放在一切工作的首位。

在煤矿生产建设过程中,安全是生产的前提,是实现生产作业的必要保证。当生产与安全发生矛盾时,生产要服从安全,必须坚持"生产必须安全,安全促进生产"的原则,牢固树立"安全至上"的理念。对于作业人员而言,要珍惜自身生命健康,杜绝侥幸心理,坚持安全工作来不得半点马虎和粗心的原则,保持全面、持久安全生产的习惯,自觉执行作业规程和操作标准,自主保安、相互保安,对自身严格要求,搞好安全生产。

2. 预防为主

"预防为主"是指保证安全生产的主要工作在于预防,把安全生产工作的关口前移,超前防范,通过预防工作及时把各类事故消灭在萌芽之中。

　　一切隐患都是可以消除的,一切事故都是可以预防的。建立预测、预报、预警、预防的递进式事故隐患预防体系,改善安全状况,预防安全事故。要不断地查找、消除隐患,采取有效的事前控制措施,探索规律,防微杜渐,防患于未然,阻断事故形成的途径,保证安全生产。对于作业人员来说,要严格遵守劳动纪律,认真按照各项规程要求操作,在工作中不断积累安全生产经验,及时发现并解决问题,才能有效地避免事故的发生。

　　3. 综合治理

　　"综合治理"是指综合运用经济、法律、行政等手段,人管、法治、技防多管齐下,充分发挥社会、职工、舆论的监督作用,有效解决安全生产领域的各类问题,保证安全生产。

　　综合治理是一种新的安全管理模式,从管理上做到全方位、全过程、全员管理;坚持执行各项法律法规制度;坚持煤矿安全质量标准化,严格安全标准;坚持科技兴安战略,重视科学技术对煤矿安全的重要支撑作用,提高煤矿生产机械化、自动化、信息化水平;坚持多上设备少上人,提高煤矿生产自动化水平。综合治理是安全生产工作的重心所在,是保证安全管理目标实现的重要途径。

三、落实安全生产方针对于煤矿特种作业人员的要求

　　(1)牢固树立"安全第一"的思想,不安全不生产。

　　(2)遵守班组安全管理制度,学法、知法、守法,树立依法从事煤矿安全生产作业的意识。

　　(3)不违章指挥和违章作业,不违反规章制度和劳动纪律,杜绝"三违"现象。

　　(4)遵守本工种质量标准化标准,按照安全操作规程作业,做到操作标准化。

　　(5)参加安全生产培训,掌握煤矿安全知识和实际操作技能。

　　(6)做好劳动保护,避免职业伤害。

　　(7)工作中随时检查自己所处的作业环境,做到自主保安和相互保安。

（8）建立安全意识，实现由"要我安全"向"我要安全"、"我能安全"的转变。

第二节　煤矿安全生产法律法规

一、煤矿安全生产法律法规体系

煤矿安全生产法律法规体系由煤矿安全生产相关的法律法规及规章、标准构成，主要包括以下 5 个部分：

（1）全国人民代表大会及其常务委员会颁布的关于安全生产的法律，如《中华人民共和国矿山安全法》（以下简称《矿山安全法》）、《中华人民共和国劳动法》（以下简称《劳动法》）、《中华人民共和国煤炭法》（以下简称《煤炭法》）、《中华人民共和国安全生产法》（以下简称《安全生产法》）等。

（2）国务院颁布的关于安全生产的行政法规，如《煤矿安全监察条例》、《矿山安全法实施条例》、《生产安全事故报告和调查处理条例》等。

（3）省市级人民代表大会及其常务委员会颁布的关于安全生产的地方性法规，如《四川省〈中华人民共和国矿山安全法〉实施办法》等。

（4）国务院有关部委、省级人民政府颁布的关于安全生产的规章和地方规章，如《煤矿安全规程》、《防治煤与瓦斯突出规定》等。

（5）国家相关部门或行业主管部门、企业制定的关于安全生产的标准，可分为国家标准、行业标准和企业标准等，如国家标准《煤层气（煤矿瓦斯）排放标准（暂行）》（GB 21522—2008）、行业标准《矿井瓦斯等级鉴定规范》（AQ 1025—2006）等。

二、煤矿安全生产主要法律法规

（一）安全生产法律

1.《安全生产法》

《安全生产法》是为了加强安全生产的监督管理，防止和减少生产安全事故,保障人民群众生命和财产安全,促进经济发展而制定的,2002 年 6 月颁布。2014 年 8 月 31 日全国人民代表大会常务委员会通过关于修改〈中华人民共和国安全生产法〉的决定》进行修改,修改后自 2014 年 12 月 1 日起施行。

《安全生产法》共 7 章 97 条。其主要内容包括总则、生产经营单位的安全生产保障、从业人员的权利和义务、安全生产的监督管理、生产安全事故的应急救援和调查处理、法律责任和附则等内容。安全生产工作应当以人为本,坚持安全发展,坚持安全第一、预防为主、综合治理的方针,强化和落实生产经营单位的主体责任,建立生产经营单位负责、职工参与、政府监管、行业自律和社会监督的机制。

(1)从业人员的安全教育培训规定。生产经营单位应当对从业人员进行安全生产教育和培训,保证从业人员具备必要的安全生产知识,熟悉有关的安全生产规章制度和安全操作规程,掌握本岗位的安全操作技能,了解事故应急处理措施,知悉自身在安全生产方面的权利和义务。未经安全生产教育和培训合格的从业人员,不得上岗作业。

(2)从业人员的安全生产权利包括 5 个方面:① 要求劳动合同载明安全事项的权利。生产经营单位与从业人员订立的劳动合同,应当载明有关保障从业人员劳动安全、防止职业危害的事项,以及依法为从业人员办理工伤社会保险的事项。生产经营单位不得以任何形式与从业人员订立协议,免除或者减轻其对从业人员因生产安全事故伤亡依法应承担的责任。生产经营单位必须依法参加工伤社会保险,为从业人员缴纳保险费。② 知情权和建议权。生产经营单位的从业人员有权了解其作业场所和工作岗位存在的危险因素、防范措施及事故应急措施,有权对本单位的安全生产工作提出建议。③ 批评、检举、控告和拒绝违章指挥或者强令冒险作业等权利。从业人员有权对本单位安全生产工作中存在的问题提出批评、检举、控告;有权拒绝违章指挥和强令冒险作业。生产经营单位不得因从业人员对本单位安全生产工作提出批评、检举、控告或者拒绝违章指挥、强令冒险作业而降低其工资、福利等待遇或者解除与其订立的劳动合同。④ 紧急撤离权。从业人员发现直接危及人身安全的紧急情况时,有权停止作业或者在采取可能的应急措施后撤离作业场所。生产经营单位不得因从业人员在紧急情况下停止作业或者采取紧急撤离措施而降低其工资、福利等待遇或者解除与其订立的劳动合同。⑤ 因生产安全事故受到损害的从业人员享有的有关赔偿权利。生产经营单位必须依法参加工伤社会保险,为从业人员缴纳保险费。因生产安全事故受到损害的从业人员,除依法享有工伤社会保险外,依照有关民事法律尚有获得赔偿权利的,有权向本单位提出赔偿要求。

(3) 从业人员的义务包括 3 个方面:① 从业人员在作业过程中,应当严格遵守本单位的安全生产规章制度和操作规程,服从管理,正确佩戴和使用劳动防护用品。② 从业人员应当接受安全生产教育和培训,掌握本职工作所需的安全生产知识,提高安全生产技能,增强事故预防和应急处理能力。③ 从业人员发现事故隐患或者其他不安全因素,应当立即向现场安全生产管理人员或者本单位负责人报告;接到报告的人员应当及时予以处理。

2.《矿山安全法》

《矿山安全法》是为了保障矿山生产安全,防止矿山事故,保护矿山职工的人身安全,促进采矿业健康发展而制定的,自 1993 年 5 月 1 日起施行。

《矿山安全法》共 8 章 50 条。与特种作业人员相关的主要内容包括:① 矿山建设工程安全设施必须和主体工程同时进行设计、同时施工、同时投入生产和使用(简称"三同时")。② 矿山企业职工有权对危害安全的行为提出批评、检举和控告;矿山企业必须对职工进行安全教育、培训,未经安全教育、培训的,不得上岗作业。③ 矿山企业主管人员违章指挥、强令工人冒险作业,因而发生重大伤亡事故的,依照《中华人民共和国刑法》(以下简称《刑法》)的相关规定追究刑事责任,矿山企业主管人员对矿山事故隐患不采取措施,因而发生重大伤亡事故的,比照《刑法》的相关规定追究刑事责任等。

3.《劳动法》

《劳动法》是为了保护劳动者的合法权益、调整劳动关系、建立和维护适应社会主义市场经济的劳动制度、促进经济发展和社会进步而制定的,自 1995 年 1 月 1 日起施行。

《劳动法》共 13 章 107 条。其中,规定了劳动者享有的基本权利和义务。国家对女职工和未成年工实行特殊劳动保护,禁止安排女职工从事矿山井下、国家规定的第四级体力劳动强度的劳动和其他禁忌从事的劳动,不得安排未成年工从事矿山井下、有毒有害、国家规定的第四级体力劳动强度的劳动和其他禁忌从事的劳动等。用人单位应当保证劳动者每周至少休息一日。

4.《中华人民共和国劳动合同法》(以下简称《劳动合同法》)

《劳动合同法》是为了完善劳动合同制度,明确劳动合同双方当事人的权利和义务,保护劳动者的合法权益,构建和发展和谐稳定的劳动关系而制定的,自 2008 年 1 月 1 日起施行,该法修改方案于 2012 年 12 月 28 日通过,自 2013 年 7 月 1 日起施行。

《劳动合同法》共 8 章 98 条。其主要内容包括总则、劳动合同的订立、劳动合同的履行和变更、劳动合同的解除和终止、特别规定、监督检查、法律责任和附则等。该法规定:劳动合同期限 3 个月以上不满 1 年的,试用期不得超过 1 个月;劳动合同期限 1 年以上不满 3 年的,试用期不得超过 2 个月;3 年以上固定期限和无固定期限的劳动合同,试用期不得超过 6 个月等。

5.《刑法修正案(六)》

《刑法》是规定犯罪、刑事责任和刑罚的法律,是追究安全生产违法犯罪行为刑事责任的重要依据。

《刑法修正案(六)》自 2006 年 6 月 29 日起施行,涉及安全生产的主要内容如下:

在生产、作业中违反有关安全管理的规定,因而发生重大伤亡事故或者造成其他严重后果的,处 3 年以下有期徒刑或者拘役;情节特别恶劣的,处 3 年以上 7 年以下有期徒刑。强令他人违章冒险作业,因而发生重大伤亡事故或者造成其他严重后果的,处5年以下有期徒刑或者拘役;情节特别恶劣的,处5年以上有期徒刑。

安全生产设施或者安全生产条件不符合国家规定,因而发生重大伤亡事故或者造成其他严重后果的,对直接负责的主管人员和其他直接责任人员,处3年以下有期徒刑或者拘役;情节特别恶劣的,处3年以上7年以下有期徒刑。在安全事故发生后,负有报告职责的人员不报或者谎报事故情况,贻误事故抢救,情节严重的,处3年以下有期徒刑或者拘役;情节特别严重的,处3年以上7年以下有期徒刑。

6.《中华人民共和国职业病防治法》(以下简称《职业病防治法》)

《职业病防治法》是为了预防、控制和消除职业病危害,防治职业病,保护劳动者健康及其相关权益,促进经济发展,根据《中华人民共和国宪法》制定的,自2002年5月1日起施行。全国人民代表大会常务委员会于2011年12月31日通过了《全国人民代表大会常务委员会关于修改〈中华人民共和国职业病防治法〉的决定》。

《职业病防治法》共7章90条。其主要内容包括总则、前期预防、劳动过程中的防护与管理、职业病诊断与职业病病人保障、监督检查、法律责任、附则等。该法适用于中华人民共和国领域内的职业病防治活动。职业病防治工作坚持预防为主、防治结合的方针,建立用人单位负责、行政机关监管、行业自律、职工参与和社会监管的机制,实行分类管理、综合治理。劳动者依法享有职业卫生保护的权利。

该法所称职业病,是指企业、事业单位和个体经济组织等用人单位的劳动者在职业活动中,因接触粉尘、放射性物质和其他有毒、有害因素而引起的疾病。

(二)行政法规及国务院安全生产相关文件

1.《生产安全事故报告和调查处理条例》

《生产安全事故报告和调查处理条例》是为了规范生产安全事故的报告和调查处理,落实生产安全事故责任追究制度,防止和减少生产安全事故而制定的,自2007年6月1日起施行。

该条例将事故划分为特别重大事故、重大事故、较大事故和一般事故 4 个等级。

（1）特别重大事故，是指造成 30 人以上死亡，或者 100 人以上重伤（包括急性工业中毒，下同），或者 1 亿元以上直接经济损失的事故。

（2）重大事故，是指造成 10 人以上 30 人以下死亡，或者 50 人以上 100 人以下重伤，或者 5 000 万元以上 1 亿元以下直接经济损失的事故。

（3）较大事故，是指造成 3 人以上 10 人以下死亡，或者 10 人以上 50 人以下重伤，或者 1 000 万元以上 5 000 万元以下直接经济损失的事故。

（4）一般事故，是指造成 3 人以下死亡，或者 10 人以下重伤，或者 1 000 万元以下直接经济损失的事故。

2.《工伤保险条例》

《工伤保险条例》是为了保障因工作遭受事故伤害或者患职业病的职工获得医疗救治和经济补偿，促进工伤预防和职业康复，分散用人单位的工伤风险而制定的，自 2004 年 1 月 1 日实施，2010 年 12 月 20 日修订。

《工伤保险条例》共 8 章 67 条。其主要内容包括总则、工伤保险基金、工伤认定、劳动能力鉴定、工伤保险待遇、监督管理、法律责任、附则等。

该条例规定用人单位应当按时缴纳工伤保险费，职工个人不缴纳工伤保险费；职工因工作遭受事故伤害或者患职业病进行治疗，享受工伤医疗待遇；职工因工作遭受事故伤害或者患职业病需要暂停工作接受工伤医疗的，在停工留薪期内，原工资福利待遇不变，由所在单位按月支付；生活不能自理的工伤职工在停工留薪期需要护理的，由所在单位负责。职工有下列情形之一的，应当认定为工伤：① 在工作时间和工作场所内，因工作原因受到事故伤害的。② 工作时间前后在工作场所内，从事与工作有关的预备性或者收尾性工作受到事故伤害的。③ 在工作时间和工作场所内，因履行工作职责受到暴力等意外伤害的。④ 患职业病的。⑤ 因工外出期间,由于工作原因受到伤害或者发生事故下落不明的。
⑥ 在上下班途中,受到非本人主要责任的交通事故或者城市轨道
交通、客运轮渡、火车事故伤害的。⑦ 法律、行政法规规定应当认
定为工伤的其他情形。

3.《国务院关于预防煤矿生产安全事故的特别规定》

《国务院关于预防煤矿生产安全事故的特别规定》是为了及时
发现并排除煤矿安全生产隐患,落实煤矿安全生产责任,预防煤矿
生产安全事故发生,保障职工的生命安全和煤矿安全生产而制定
的,自 2005 年 9 月 3 日起实施。

该规定共 28 条。与特种作业人员相关的主要内容包括:
① 构建了预防煤矿生产的责任体系。② 明确了煤矿预防工作的
程序和步骤。③ 提出了预防煤矿事故的一系列制度保障。明确
规定了超能力、超强度或者超定员组织生产、瓦斯超限作业、煤与
瓦斯突出矿井未依照规定实施防突措施等煤矿 15 项重大安全生
产隐患。煤矿企业应当免费为每位职工发放煤矿职工安全手册,
载明职工的权利、义务,煤矿重大安全生产隐患的情形和应急保护
措施、方法以及安全生产隐患和违法行为的举报电话、受理部
门等。

4.《国务院关于进一步加强企业安全生产工作的通知》

国务院以国发〔2010〕23 号文件的形式下发了《国务院关于进
一步加强企业安全生产工作的通知》。其总体要求是:坚持"安全
第一,预防为主,综合治理"的方针,全面加强企业安全管理,健全
规章制度,完善安全标准,提高企业技术水平,夯实安全生产基础;
坚持依法依规生产经营,切实加强安全监管,强化企业安全生产主
体责任落实和责任追究,促进我国安全生产形势实现根本好转。

通知要求,企业要加强对生产现场监督检查,严格查处违章指
挥、违规作业、违反劳动纪律的"三违"行为。凡超能力、超强度、超
定员组织生产的,要责令停产停工整顿。要经常性开展安全隐患
排查,并切实做到整改措施、责任、资金、时限和预案"五到位"。主
要负责人和领导班子成员要轮流现场带班。煤矿、非煤矿山要有

矿领导带班并与工人同时下井、同时升井。

煤矿要安装煤矿安全避险"六大系统"等技术装备;企业要建立完善安全生产动态监控及预警预报体系,每月进行一次安全生产风险分析;要提高工伤事故死亡职工一次性赔偿标准,依照《工伤保险条例》的规定,对因生产安全事故造成的职工死亡,其一次性工亡补助金标准调整为按全国上一年度城镇居民人均可支配收入的 20 倍计算,发放给工亡职工近亲属。

5.《国务院办公厅关于进一步加强煤矿安全生产工作的意见》

党中央、国务院高度重视煤矿安全工作,为了深刻汲取事故教训,坚守发展决不能以牺牲人的生命为代价的红线,始终把矿工生命安全放在首位,大力推进煤矿安全治本攻坚,建立健全煤矿安全长效机制,坚决遏制煤矿重特大事故发生,经国务院同意,国务院办公厅以国办发〔2013〕99 号文件下发了《国务院办公厅关于进一步加强煤矿安全生产工作的意见》。

《意见》指出,煤矿矿长要落实安全生产责任,切实保护矿工生命安全;要保护煤矿工人权益,研究确定煤矿工人小时最低工资标准,提高下井补贴标准,提高煤矿工人收入,严格执行国家法定工时制度,停产整顿煤矿必须按期发放工人工资;煤矿必须依法配备劳动保护用品,定期组织职业健康检查,加强尘肺病防治工作,建设标准化的食堂、澡堂和宿舍;要提高煤矿工人素质,加强煤矿班组安全建设,加快变"招工"为"招生",强化矿工实际操作技能培训与考核,所有煤矿从业人员必须经考试合格后持证上岗。

(三)国家安监总局规章

1.《煤矿安全规程》

《煤矿安全规程》是为了保障煤矿安全生产和职工人身安全,防止煤矿事故而制定的。《煤矿安全规程》的修订版自 2011 年 3 月 1 日起施行。

《煤矿安全规程》以安全生产法律法规为依据,坚持煤矿安全生产方针,以先进的科学技术为导向,以安全生产实践为基础,结合我国煤矿技术和装备水平的实际情况,逐步趋于完善和科学,具有权威性、强制性、实用性、规范性和可操作性等特点,是煤矿企业必须遵守的法定规程。

《煤矿安全规程》共 4 编 751 条。第一编:总则,规定煤矿企业必须遵守有关安全生产的法律、法规、规章、规程、标准和技术规范,建立各类人员安全生产责任制;明确了职工有权制止违章作业、拒绝违章指挥。第二编:井工部分,规定了开采、"一通三防"管理、提升运输管理、机电管理,以及爆破作业涉及的安全生产行为标准。第三编:露天部分,规范了采剥、运输、排土、滑坡和水火防治、电气及设备检修标准。第四编:职业危害,规定了必须做好职业危害的防治与管理工作,以及职业卫生劳动保护工作,使职工健康得到保护。

2.《特种作业人员安全技术培训考核管理规定》

《特种作业人员安全技术培训考核管理规定》(第 30 号令)是为了规范特种作业人员的安全技术培训考核工作,提高特种作业人员的安全技术水平,防止和减少伤亡事故而制定的,自 2010 年 7 月 1 日起施行。

特种作业是指容易发生事故,对操作者本人、他人的安全健康及设备、设施的安全可能造成重大危害的作业。本规定所称特种作业人员,是指直接从事特种作业的从业人员。特种作业人员应当符合年满 18 周岁,且不超过国家法定退休年龄;经社区或者县级以上医疗机构体检健康合格;具有初中及以上文化程度(有的特种作业工种要求工人具备高中或者相当于高中及以上文化程度);具备必要的安全技术知识与技能等条件。

特种作业人员应当接受与其所从事的特种作业相应的安全技术理论知识培训和实际操作技能培训,并且考核合格取得《特种作业操作证》后,方可上岗作业。特种作业操作证有效期 6 年,每 3 年复审 1 次;离开特种作业岗位 6 个月以上的特种作业人员,应当重新进行实际操作考试,经确认合格后方可上岗作业;符合从业条件并经考试合格的特种作业人员,应当向考核发证机关申请办理《特种作业操作证》,并提交身份证复印件、学历证书复印件、体检证明、考试合格证明等材料。

3.《防治煤与瓦斯突出规定》

《防治煤与瓦斯突出规定》是为了加强煤与瓦斯突出的防治工作,有效预防煤矿突出事故,保障煤矿职工生命安全而制定的,自2009 年 8 月 1 日起施行。

该规定共 7 章 124 条。其主要内容包括总则、一般规定、区域综合防突措施、局部综合防突措施、防治岩石与二氧化碳(瓦斯)突出措施、罚则、附则等。煤矿企业(矿井)、有关单位的煤(岩)与瓦斯(二氧化碳)突出的防治工作,适用该规定。

4.《煤矿防治水规定》

《煤矿防治水规定》是为了加强煤矿的防治水工作,防止和减少水害事故,保障煤矿职工生命安全而制定的,自 2009 年 12 月 1 日起施行。

该规定共 10 章 142 条。其主要内容包括总则、矿井水文地质类型划分及基础资料、水文地质补充调查与勘探、矿井防治水、井下探放水、水体下采煤、露天煤矿防治水、水害应急救援、罚则、附则等。防治水工作应当坚持"预测预报、有疑必探、先探后掘、先治后采"的原则,采取"防、堵、疏、排、截"综合治理措施。

5.《煤矿矿长保护矿工生命安全七条规定》

《煤矿矿长保护矿工生命安全七条规定》是为了明确煤矿矿长保护煤矿作业人员生命的责任和措施,推动煤矿安全生产主体责任的落实而制定的。该规定经 2013 年 1 月 15 日国家安全生产监督管理总局局长办公会议审议通过并自公布之日起施行。

该规定主要内容包括 7 个方面:① 必须证照齐全,严禁无证照或者证照失效非法生产。② 必须在批准区域正规开采,严禁超层越界或者巷道式采煤、空顶作业。③ 必须确保通风系统可靠,严禁无风、微风、循环风冒险作业。④ 必须做到瓦斯抽采达标,防突措施到位,监控系统有效,瓦斯超限立即撤人,严禁违规作业。⑤ 必须落实井下探放水规定,严禁开采防隔水煤柱。⑥ 必须保证井下机电和所有提升设备完好,严禁非阻燃、非防爆设备违规入井。⑦ 必须坚持矿领导下井带班,确保员工培训合格、持证上岗,严禁违章指挥。

6.《煤矿矿用产品安全标志管理暂行办法》

《煤矿矿用产品安全标志管理暂行办法》是为了加强煤矿矿用产品安全管理,保障煤矿安全生产和职工人身安全与健康而制定的,自 2002 年 1 月 1 日起施行。

该办法共 4 章 27 条,规定了对可能危及煤矿职工人身安全和健康的矿用产品实行安全标志管理;实行安全标志管理的矿用产品,必须依照该办法的规定取得矿用产品安全标志。任何单位和个人不得出售、采购和使用纳入安全标志管理目录但未取得安全标志的矿用产品。

矿用产品安全标志由安全标志证书和安全标志标识 2 部分组成。安全标志(MA 标志)由国家煤矿安全监察局统一监制。禁止伪造、转让、买卖或者非法使用安全标志。

复习思考题

1. 煤矿安全生产方针的含义是什么?

2. 落实安全生产方针对于煤矿特种作业人员有哪些要求?

3.《安全生产法》赋予从业人员的安全生产权利有哪些?

4. 特种作业人员应当具备哪些条件?

第二章　防突作业人员职业
特殊性及职业危害防治

第一节　煤矿作业特点

煤矿属于高危行业,工作环境特殊,作业条件复杂多变,在生产过程中存在许多不安全因素,因此煤矿安全管理工作任重道远。

一、煤矿工作条件、环境特殊

我国大多数煤矿是井下作业。近年来,许多现代化矿井的作业环境都有了较大改善,但部分中小煤矿工作条件依然较差,井深巷远,井下工作场所狭小,活动空间受限,能见度低,环境潮湿,矿井内空气都需要地面通风设备供给,工作条件相对较差。

二、煤矿事故因素较多

由于煤矿工作场所在地下,生产技术环境复杂,顶底板及围岩的地质构造复杂多变,存在导致瓦斯爆炸或突出、透水、火灾、冲击地压、大面积冒顶等重大灾害性事故的客观因素,而完全排查、控制这些事故因素还有方方面面的困难,一旦发生事故通常会造成巨大的财产损失和人员伤亡。

三、煤矿生产系统复杂

为了保证采掘生产,煤矿井下建立了复杂的生产系统,如采煤、掘进、通风、排水、机电、运输系统等。各系统之间既有明确的功能分工,又相互制约、协同合作。各系统生产工艺也比较复杂,具有多工种、多方位、多系统立体交叉连续作业的特点,不论哪个系统中的环节出现问题,都极有可能酿成事故,甚至造成重、特大事故。

另外,我国大部分煤矿特别是国有重点煤矿安全设施、机械化程度得到了较大提高,但一些地方煤矿安全设施不够完善、煤矿机械化程度较低,安全生产基础薄弱,煤矿作业人员在岗位素质、安全意识、知识与技术水平等方面,都有待加强和提高。

第二节　防突作业人员的职业特殊性

煤矿防突作业人员(也叫防突工)是指从事煤与瓦斯突出的预测预报、相关参数的收集与分析、防治突出措施的实施与检查、防突效果检验等,保证防突工作安全进行的作业人员。

一、防突工作的重要性

1. 为煤与瓦斯突出矿井技术决策提供依据

通过准确测定防突技术参数为煤与瓦斯突出矿井矿总工程师制定防突技术措施提供依据。

2. 确保防突技术措施在现场得到有效实施

通过有效地实施防治煤与瓦斯突出技术措施,不仅能够保证煤与瓦斯突出矿井掘采作业正常进行,而且能够保证防治煤与瓦斯突出作业人员的安全,使煤与瓦斯突出矿井获得相应的经济效益。

3. 有效地防止和减少伤亡事故的发生

根据煤与瓦斯突出规律,在防突措施的实施和防突工作面生产作业过程中,及时发现突出预兆能够有效地防止和减少煤与瓦斯突出伤亡事故的发生。

4. 为突出矿井安全生产提供有利条件

通过防突工作,可达到消除煤与瓦斯突出的目的,为煤与瓦斯突出矿井安全生产管理工作提供有利条件。

二、煤矿防突作业人员的职责

(1) 负责了解井下防突工作面瓦斯地质变化情况,执行防突工作面的防突措施,检查安全防护措施的落实情况,掌握瓦斯地质变化情况及突出危险性预测方法。发现问题及时采取防范措施,防止因现场失控而造成事故。

（2）负责石门揭煤、水力冲孔、金属骨架、煤体注水钻孔,防突措施预测孔、措施孔、检验孔等施工的现场落实和防突措施实施的督促检查。

（3）负责按规定对突出危险工作面的防突参数的测定、填写预测预报通知单并报送有关领导审批。

（4）负责按规定填写防突牌板和设置防突基点并定期进行检查,发现问题及时纠正和督促改正。

（5）负责防突资料的收集、整理和分析。及时反馈信息,认真填写台账和记录。

（6）掌握和应用现有防突技术手段,分析、总结防突措施的作用和效果,提出完善防突措施的意见和建议。

（7）负责督查和验收各种钻孔施工质量。

（8）负责领导交办的其他工作。

三、防突作业人员的权利与义务

（1）发现工作面瓦斯积聚、有害气体浓度超限和煤与瓦斯突出预兆时,有权停止作业并撤出现场所有人员。

（2）在作业现场,有权拒绝接受和制止可能导致煤与瓦斯突出、瓦斯爆炸、顶板垮塌等重大生产安全事故的工作和行为。

（3）有权拒绝任何人违章指挥。

（4）对忽视员工生命安全和身体健康的错误决定和行为,有权提出批评和控告。

（5）对危害安全生产的行为,有权提出批评、检举和控告。

（6）遵守安全生产法律法规和企业规章制度,遵守劳动纪律,严格执行煤矿三大规程。积极参加技术革新活动,提出安全合理化建议,不断改善施工作业环境。

（7）及时反映、处理危险情况,积极参加事故抢救。

（8）每年接受1次煤矿三级及其以上安全培训机构组织的防突知识、操作技能专项培训。

第三节　防突作业人员的安全心理和职业道德

一、煤矿作业人员的安全心理

1."三违"及其危害

"三违"是指违章指挥、违章作业、违反劳动纪律的行为。

违章指挥是指安排或指挥职工违反国家安全生产法律法规、规章制度进行作业的行为。违章作业是指违反国家安全生产法律法规、安全生产规章制度的行为。违反劳动纪律是指劳动者在劳动中违反用人单位制定的劳动规则和劳动秩序的行为。

综上所述,"三违"是生产过程中各种人的不安全行为的具体表现形式,是发生事故的重要原因。

2."三违"人员的心理分析

根据煤矿安全工作的实际经验以及安全心理分析的研究,以下心理状态极易导致违章行为,是造成煤矿事故的重要隐患。

(1)侥幸心理。侥幸心理产生的原因是错误的经验主义和小概率事件的误导,多数表现为"明知故犯"。

(2)惰性心理。惰性心理是指在作业中尽量减少人力劳动,能省力便省力,能将就凑合就将就凑合的一种心理状态。它是懒惰行为的心理根据。

(3)麻痹心理。麻痹心理在行为上多表现为马马虎虎,操作时缺乏认真精神,明知安全工作重要,但缺乏应有的警惕性。

(4)逆反心理。逆反心理是一种无视社会规范或管理制度的对抗性心理状态,在行为上表现为"你让我这样,我偏要那样"、"越不允许干,我越要干"等特征。逆反心理受好奇心、好胜心、思想偏见、虚荣心、对抗情绪等心理活动驱使。

(5)逞能心理。逞能心理是争强好胜心理和炫耀心理的混合物。在逞能心理的支配下,一些职工为了显示自己的能力,往往会头脑发热,干出冒险甚至愚蠢的事情来。

（6）凑趣心理。凑趣心理是社会群体成员人际关系融洽在个体心理上的反映。一些安全意识不强、安全经验不足的职工在工作时凑在一起互相取笑，甚至存在打闹嬉戏、乱掷东西、相互设赌、鼓励冒险违章等行为，常常成为引发事故的隐患。

（7）冒险心理。冒险心理的表现特征是：好胜心理，到处逞能；爱打赌，不计后果；曾有违章行为而未酿成事故的经历；为争取时间和抢施工进度，对安全生产置若罔闻。

（8）从众心理。从众心理是指个人在群体中由于实际存在的或头脑中想象的社会压力与群体压力，在知觉、判断、信念以及行为上表现出与群体大多数成员一致的现象。

（9）无所谓心理。无所谓心理常表现为遵章或违章时心不在焉、满不在乎，在行为上常表现为频繁违章。

（10）好奇心理。好奇心是人体对外界新异刺激的一种反应。有的人违章，就是好奇心所致。

（11）厌倦心理。厌倦心理是指长时间从事单调、重复性工作而产生的一种心理状态。

另外，紧张和疲劳等心理状态也会引起违章行为。

3.导致煤矿作业人员心理异常的主要因素

（1）社会因素。该因素主要包括：社会经济和条件的好坏；国家政策、法规正确与否；社会福利待遇和工资制度，社会的就业情况和失业率以及社会交往中人际关系准则等。

（2）作业环境因素。煤矿井下作业环境较艰苦、作业强度较大、安全卫生条件较差、作业时间较长等构成煤矿作业人员作业环境的特殊性。

（3）家庭因素。良好的家庭环境，能使人产生乐观向上的心理情趣，而有助于工作；如果家庭环境不佳，容易导致工作时心灰意冷，漫不经心而酿成事故。煤矿作业人员的家庭生活特点有：① 夫妻两地分居多，农民工在矿上住单身宿舍而家属则留在老家务农。② 家庭负担重。③ 年轻人多，处在婚恋期的人多。④ 夫妻感情纠葛、住房、经济等问题突出。

4. 培养煤矿作业人员良好安全心理素质的方法

（1）强化安全道德感、场合道德感和人际道德感，以指导煤矿作业人员的行为。① 安全道德感，是指人们在生产实践活动中，其思想和行为符合安全生产要求而产生的一种情感。② 场合道德感，是指调整个人与所在工作场合之间关系行为规范的总和。③ 人际道德感，是指调整个体与群体之间关系行为规范的总和。

（2）强化安全责任感，以规范煤矿作业人员的行为。① 安全责任是一种高级义务情感，是指一个人不仅知道和理解自己的安全职责是什么，而且还要体验到完成这些安全职责的必要性。② 明确"要我搞好安全"和"我要搞好安全"的利害关系。③ 安全为自己也为他人，为小家也为国家。④ 开展"四互四不"、"四种意识"、"六种权利"教育活动。

"四互四不"，即互相监督，不违章违纪；互相提醒，不铸错成患；互相照应，不临危慌乱；互相检查，不遗留后患。

"四种意识"，即岗位意识、家庭意识、工友意识、企业意识。

"六种权利"，即区队班前会不讲安全，作业人员有权拒绝下井；现场中没有跟班领导和安监人员，作业人员有权停止生产；干部违章指挥，作业人员有权拒绝生产；安全设施不完善，作业人员有权不进入现场；安全设施有障碍，作业人员有权撤离现场；跟班盯岗干部早上井，作业人员有权早上井。

（3）强化安全自保感，以调节作业人员的行为。① 安全自保感，是指煤矿作业人员在生产活动中，其思想、心理、行为等符合安全规范，自觉、主动、有效地保证自己安全而产生的一种心理满足情感。② 培养煤矿作业人员敏锐的感知度，包括：训练对工作环境的观察能力；训练安全心理活动的指向性；训练安全知识的记忆能力。③ 培养煤矿作业人员高度的注意力，包括：要有明确的目的性；要有严肃认真的工作态度；要加强意志锻炼；训练各种注意力。④ 培养煤矿作业人员灵活的应急性。

二、防突作业人员的职业道德

职业道德是指适应各种职业要求而必然产生的道德规范，是人们在履行本职工作过程中所应遵循的与人们的职业活动紧密联系的符合职业特点所要求的道德准则、道德情操与道德品质的总和。它包括职业观念、职业情感、职业理想、职业态度、职业技能、职业纪律、职业良心和职业作风等多方面的内容。

防突作业人员的职业道德主要体现在以下9个方面：

（1）热爱矿山、热爱本职工作。干一行、爱一行、专一行，以高度的事业心、责任感做好本职工作，追求崇高的职业理想。

（2）在本职工作中，发扬艰苦奋斗的精神，吃苦耐劳，干事创业，为煤矿企业发展作出应有的贡献。

（3）自觉服从组织安排，听从指挥，遵守劳动纪律，认真履行岗位职责，勤奋工作，讲究工作效率，以求实、扎实、细致、认真的工作态度，努力完成工作任务目标。

（4）自觉遵守国家法律、法规和煤矿企业的各种规章制度，佩戴好劳动防护用品，持证上岗，时刻保持安全生产的警惕性，保护好自身和他人的安全。

（5）加强专业技术理论知识学习，钻研技术，不断提高自己的业务能力和专业技术水平，争当一名技术精湛、业务熟练的技术骨干和行家里手。

（6）在工作中与同事密切配合、和谐相处，建立相互信任、相互尊重、相互支持、相互帮助的良好关系，交流经验，团结协作，齐心协力，共同做好本职工作。

（7）牢固树立"工程质量第一"的意识，保证安全生产条件，并在确保质量的前提下，尽量为煤矿企业节约资金，提高社会效益和经济效益。

（8）在工作中，爱护所使用设备，对设备正确、谨慎操作，并进行精心细致地检查、维护和保养，及时处理设备故障，使设备处于良好的运转状态。

（9）在工作中，虚心向师傅、同事学习，学习他们的专业技术技能和道德品质，弥补不足，积极进取，不断提高自身的综合素质。

第四节　煤矿职业危害防治及职业健康

在煤矿开采过程中易产生种类众多的职业病危害因素。煤矿作业人员在工作过程中接触的职业病危害因素主要有粉尘、化学毒物、噪声、高温和振动等。

一、粉尘的危害及其防治

（一）粉尘的来源

在煤矿开采过程中产生的粉尘称为煤矿粉尘。在煤矿井下回采、掘进、运输及提升等各个生产过程中，几乎所有的操作过程中均能产生煤矿粉尘。

（二）粉尘的主要职业危害

煤矿粉尘主要是通过呼吸道进入人体，也可以通过皮肤暴露等进入人体。煤矿作业人员长期接触粉尘可引起各种疾病。

1. 尘肺病

尘肺病是指由于在生产环境中长期吸入生产性粉尘而引起的以肺组织纤维化为主的疾病。该病是不可逆转的，目前尚无有效的根治方法。病人呈现胸闷、气短、咳嗽、咳痰等症状。

2. 慢性阻塞性肺病

长期吸入煤矿粉尘不但会引起尘肺病，还会引起慢性阻塞性肺病，包括慢性支气管炎、支气管哮喘及肺气肿等。

（三）粉尘的主要防治措施

1. 粉尘危害的三级防治原则

（1）一级防治，即杜绝或减少粉尘对人体危害作用的机会，这是预防的根本。

（2）二级防治，又称次级预防，即在疾病尚能治疗时早期发现病人，早发现早治疗早脱离接尘作业。

（3）三级防治，是指疾病后期的预防。例如，防止疾病复发和伤残，促进身心健康和疾病的康复，最大限度恢复生活和劳动能力，延长患者生命。

2. 综合防降尘的"八字方针"

综合防尘和降尘措施可以概括为"革、水、密、风、护、管、教、查"八字方针,对控制粉尘危害具有现实的指导意义。

(1) 革,即工艺改革和技术革新,这是消除粉尘危害的根本途径。

(2) 水,即湿式作业,可防止粉尘飞扬,降低环境粉尘浓度。

(3) 密,即将发尘源密闭,对产生粉尘的设备,采取密闭尘源措施,并与通风结合,经除尘处理后再排入大气。

(4) 风,即加强通风及抽风措施,常在密闭、半密闭发尘源的基础上,采用局部抽出式机械通风,将工作面的含尘空气抽出,并可同时采用局部送入式机械通风,将新鲜空气送入工作面。

(5) 护,即个人防护,是防、降尘措施的补充,特别在技术措施未能达到的地方必不可少。

(6) 管,即经常性地维修和管理工作。

(7) 教,即加强宣传教育。

(8) 查,即定期检查环境空气中粉尘浓度,定期为接触者做身体检查。

3. 控制粉尘危害的主要技术措施

(1) 依靠科技进步,应用有利于职业危害防治和保护从业人员健康的新技术、新工艺、新材料、新产品,坚决限制、淘汰职业危害严重的技术、工艺、材料和产品。

(2) 优化生产布局和工艺流程,使有害作业和无害作业分开,尽可能减少接触职业危害的人数和接触时间。

(3) 湿式作业。目前煤矿湿式作业主要采用的方法有湿式凿岩、喷雾洒水、煤层注水等。

(4) 个体防护。个体防护是对技术防尘措施的必要补救,在作业现场防、降尘措施难以使粉尘浓度降至国家卫生标准所要求的水平时,必须使用个人防护用品,如防尘口罩等。

二、化学毒物的危害及其预防

煤矿主要存在氮氧化物、碳氧化物、硫化氢(H_2S)、甲烷

（CH_4）等有害气体。

（一）氮氧化物的来源、危害及其防治

氮氧化物是煤矿生产中最常见的刺激性气体之一,在生产中接触并引起职业中毒的常是混合物,主要是一氧化氮（NO）和二氧化氮（NO_2）,以二氧化氮为主。

1. 氮氧化物的来源

煤矿作业场所氮氧化物的来源有 3 个方面：① 井下岩巷爆破及煤巷爆破等作业产生的烟气中含有大量的氮氧化物。② 煤矿井下意外事故,如发生火灾时可能产生的氮氧化物。③ 采煤、掘进、运输等柴油机械设备工作尾气排放的氮氧化物。

2. 氮氧化物的危害

煤矿生产中的氮氧化物以二氧化氮为主时,主要引起肺部损害；以一氧化氮为主时,中枢神经系统损害明显。

3. 氮氧化物危害的防治措施

（1）加强矿井通风,将氮氧化物的浓度稀释到《煤矿安全规程》规定的标准以下。

（2）煤矿井下实施爆破后,为防止氮氧化物中毒,局部通风机风筒出风口距工作面的距离不得大于 5 m,加强通风,增加工作面的风量,及时排除炮烟。人员进入工作面进行作业前,必须把工作面的炮烟吹散稀释,并在工作面洒水。爆破时,人员必须撤到新鲜空气中,并在回风侧挂警戒牌。

（3）加强个体防护,佩戴合格的个体防护用品。

（二）碳氧化物的来源、危害及其防治

碳氧化物通常是指一氧化碳（CO）和二氧化碳（CO_2）。

1. 碳氧化物的来源

在煤矿生产中碳氧化物主要产生于岩巷爆破、煤巷爆破、采煤打眼、机械采煤、装煤、工作面顶板支护等工序。此外,当存在于煤层内的二氧化碳突出时,大量二氧化碳会喷涌出来。当矿井发生爆炸事故时,燃烧会产生大量一氧化碳。

2. 碳氧化物的危害

一氧化碳的毒性很强,吸入人体以后,会引起窒息、中毒甚至死亡。二氧化碳也会引起作业人员中毒,当二氧化碳的浓度达到一定程度时,作业人员就会出现不同的中毒症状,甚至导致死亡。

3. 碳氧化物危害的防治措施

(1)加强通风。通过通风措施将碳氧化物浓度稀释到《煤矿安全规程》规定的浓度以下。

(2)加强检查。应用各种仪器或煤矿安全监测监控系统监测井下碳氧化物的动态,以便及时采取相应措施。

(3)设立警示标识。井下通风不良或不通风的巷道内,往往聚集大量的有害气体,尤其是二氧化碳。因此,在不通风的旧巷口要设置栅栏,并悬挂"禁止入内"的警示牌。若要进入这些旧巷道时,必须先进行检查,当确认对人体无害时方能进入。

(4)喷雾洒水。当工作面有二氧化碳放出时,可使用喷雾洒水的方法使其溶于水中。

(5)个体防护。进入高浓度碳氧化物的工作环境时,要佩戴特制的防毒面具,要 2 人同时工作,以便监护和互助。

(三)硫化氢的来源、危害及其防治

1. 硫化氢的来源

硫化氢气体主要滞留在煤矿巷道底部。煤矿生产过程中硫化氢气体主要产生于 3 个方面:① 硫化氢气体可从煤及岩层内逸出。② 煤矿井下旧巷和老空区,或者矿井发生透水事故进行排水时,随着水位下降,积存在被淹井巷中的硫化氢气体可能大量涌出。③ 煤矿井下残采时,常出现较高浓度的硫化氢气体。

2. 硫化氢的危害

硫化氢是一种具有刺激性和窒息性的气体,有臭鸡蛋气味。吸入硫化氢可导致硫化氢中毒,主要引起细胞内窒息,导致中枢神经系统、肺、心脏及上呼吸道黏膜刺激等多脏器损害。

3. 硫化氢危害的防治措施

(1)加强通风。通过通风措施确保井下空气中硫化氢气体的浓度不超过《煤矿安全规程》的规定,尤其是在排除井下积水时,一定要进行强制通风。

(2)加强生产环境中硫化氢浓度的监测。发现硫化氢浓度超标时,及时采取处理措施。

(3)设立警示标识。井下通风不良或不通风的巷道内,往往聚集大量的有害气体,其中就包括硫化氢气体。在井下停止作业地点和危险区域应悬挂警告牌或封闭。

(4)个体防护。作业人员应佩戴防毒口罩、安全护目镜、防毒面具和空气呼吸器,佩带硫化氢报警设施。

三、噪声、振动、高温的危害及其预防

煤矿井下主要存在生产性噪声、振动、高温高湿等职业危害因素。

(一)生产性噪声的来源、危害及其防治

1. 生产性噪声的来源

煤矿作业场所噪声的产生地点为:风动凿岩机、局部通风机、煤电钻、乳化液泵站、采煤机、掘进机、带式输送机、运输车等作业地点。

2. 生产性噪声的危害

噪声对煤矿作业人员最主要的危害是对听觉系统的影响,长期暴露在噪声环境中可以导致噪声聋。此外,噪声还对人体的神经系统、心血管系统、内分泌及免疫系统、消化系统及代谢功能、生殖机能及胚胎发育等方面产生影响。

3. 生产性噪声危害的防治措施

(1)井工矿在通风机房室内墙壁、屋面敷设吸声体;在压风机房设备进气口安装消声器,室内表面做吸声处理;对主井绞车房内表面进行吸声处理,局部设置隔声屏。

(2)在巷道掘进中应使用液动凿岩机或凿岩台车;在采煤工作面应使用双边链刮板输送机等措施控制噪声。

(3)个体防护。接触噪声人员需佩戴防护耳塞或防护耳罩等防护用品。

（二）振动的来源、危害及其防治

1. 振动的来源

煤矿作业场所振动的主要来源：① 活塞式锤打工具，如凿岩机、气锤等。② 手持转动工具，如风钻、煤电钻等。③ 采矿、运输过程中使用的大型设备，如钻机、电铲、推土机、带式输送机等在运转过程中也会产生不同程度的振动。

2. 振动的危害

（1）局部振动对人体健康的影响：① 对神经系统的影响，如多发性末梢神经炎、自主神经功能紊乱等。② 对循环系统的影响，如毛细血管形态和机能的改变、外周血管发生器质性病变等。③ 对骨、关节的影响，引起骨、关节的损害。④ 对内分泌和免疫系统等的影响。

（2）全身振动对机体的影响：① 生理功能的改变、神经肌肉的改变。② 中枢神经和感觉神经的改变。③ 消化、呼吸、内分泌及代谢等系统的改变等。

3. 振动危害的防治措施

振动危害的主要防治措施有：① 控制振动源。② 限制作业时间和振动强度。③ 改善作业环境。④ 加强个体防护。⑤ 加强健康监护。

（三）高温的来源、危害及其防治

1. 高温的来源

造成矿井高温热害的主要因素有：地热、采掘用机电设备运转时放热、运输中的矿物和矸石放热以及风流压缩放热等。此外，矿井开采深度增加、岩石温度升高、地下热水涌出、通风不良等也是造成煤矿采掘工作面温度较高的原因。

2. 高温的危害

高温对机体健康影响的主要表现为：体温调节障碍、电解质代谢紊乱、循环系统负荷增加、消化系统疾病增多、神经系统兴奋性降低、肾脏负担加重等。

3. 高温危害的防治措施

（1）实行通风降温，采取减少风阻、防止漏风、增加风机能力、加强通风管理等措施保证风量，并采用分区式开拓方式缩短入风线路长度，降低到达工作面风流的温度。

（2）局部热害严重的工作面应采用移动式制冷机组进行局部降温；非空调措施无法达到作业环境标准温度的，应采用空调降温。

四、劳动者在职业健康方面的权利

1. 劳动者在职业卫生保护方面的权利

我国《职业病防治法》规定，劳动者享有以下职业卫生保护权利：

（1）获得职业卫生教育、培训。

（2）获得职业健康检查、职业病诊疗、康复等职业病防治服务。

（3）了解工作场所产生或者可能产生的职业病危害因素、危害后果和应当采取的职业病防护措施。

（4）要求用人单位提供符合防治职业病要求的职业病防护设施和个人使用的职业病防护用品，改善工作条件。

（5）对违反职业病防治法律、法规以及危及生命健康的行为提出批评、检举和控告。

（6）拒绝违章指挥和强令进行没有职业病防护措施的作业。

（7）参与用人单位职业卫生工作的民主管理，对职业病防治工作提出意见和建议。

用人单位应当保障劳动者行使上述权利。因劳动者依法行使正当权利而降低其工资、福利等待遇或者解除、终止与其订立的劳动合同的，其行为无效。

2. 劳动者在职业健康监护方面的权利

（1）对从事接触职业病危害作业的劳动者，用人单位应当按照国务院安全生产监督管理部门、卫生行政部门的规定组织上岗前、在岗期间和离岗时的职业健康检查，并将检查结果书面告知劳动者。

（2）劳动者接受职业健康检查应当视同正常出勤。职业健康检查和医学观察的费用应当由用人单位承担。

（3）用人单位应当建立职业健康监护档案，并按规定妥善保存职业健康监护档案。劳动者有权查阅、复印其本人职业健康监护档案。

（4）用人单位应根据职业健康检查报告对不同检查结果的劳动者采取适当的处置措施。

复习思考题

1. 矿井瓦斯事故主要有哪几种表现形式？
2. 煤矿职工有哪几种心理状态容易造成违章行为？
3. 煤与瓦斯突出矿井中防突工作的重要性体现在哪几个方面？
4. 煤矿防突工的权利和义务是什么？
5. 煤矿防突工的职责是什么？
6. 煤矿粉尘危害的三级防治原则是什么？
7. 煤矿井下氮氧化物有哪些危害？
8. 粉尘危害的三级防治原则是什么？
9. 有毒、有害气体危害的预防措施有哪些？
10. 劳动者享有的职业卫生保护权利有哪些？
11. 劳动者在职业健康监护方面的权利有哪些？

第三章　煤矿开采基本知识

第一节　矿井地质基本知识

一、煤层的赋存特征

1. 煤层的形成

在成煤的古地质年代,大量的植物死亡后,堆积在停滞水体中的植物遗体经泥炭化作用,转变成泥炭或腐泥;泥炭或腐泥被埋藏后,由于盆地基底下降而沉埋至地下深部,经成岩作用而转变成褐煤;温度和压力逐渐增高,再经变质作用后转变成烟煤至无烟煤。

2. 煤层的形态与结构

煤在地下通常是呈层状埋藏的,煤层在空间的展布特征,称为煤层形态。根据煤层在空间的连续情况,可分为层状、似层状、不规则状、马尾状等煤层形态。煤层结构是指煤层中夹矸的数量和分布特征。按是否含夹矸层,常将煤层分为以下 2 种:

(1)简单结构煤层,是指不含夹矸的煤层。

(2)复杂结构煤层,是指含有夹矸的煤层。

3. 煤层的顶板与底板

(1)顶板。正常层序的含煤地层中覆盖在煤层上面的岩层称为顶板。根据岩层相对于煤层的位置和垮落性能、强度等特征的不同,顶板可分为伪顶、直接顶和基本顶 3 种。在采煤过程中,直接顶是顶板管理的重要部位。

伪顶是指位于煤层之上,随采随落的极不稳定岩层。其厚度一般在 0.5 m 以下,多由页岩、碳质页岩组成,不易支护。

直接顶是指位于煤层或伪顶之上,具有一定的稳定性,移架或回柱后能自行垮落的岩层。其厚度一般为 1～2 m,多由页岩、泥岩、粉砂岩及少量的石灰岩组成。

基本顶是指位于直接顶或煤层之上,通常厚度及岩石强度较大且难以垮落的岩层。基本顶一般只发生缓慢下沉,在采空区上方悬露一段时间,达到相当面积之后才垮落一次,其岩性多为砂岩、砾岩和石灰岩等坚硬岩石。

(2)底板。正常层序的含煤地层中赋存于煤层之下的岩层称为底板。底板可分为直接底和基本底2种。

直接底是指位于煤层之下硬度较低的岩层,厚度一般几十厘米至几米左右,通常为泥岩、页岩或黏土岩。

基本底是指位于直接底或煤层之下较硬岩层,通常为厚层砂岩、石灰岩等。

4. 煤层的厚度

煤层厚度是指煤层顶、底板之间的垂直距离,又称为真厚度。根据矿井开采的技术特点,煤层厚度可大致分为以下3类:

(1)薄煤层,是指厚度为 1.3 m 以下的煤层。

(2)中厚煤层,是指厚度为 1.3～3.5 m 的煤层。

(3)厚煤层,是指厚度为 3.5 m 以上的煤层。

在实际工作中,习惯上把厚度大于 8 m 的煤层称为特厚煤层。

在复杂结构的煤层中,煤层厚度可分为总厚度和有益厚度。总厚度是指包括夹矸在内的全厚度;有益厚度是指除去夹矸的纯煤厚度。

5. 煤(岩)层的产状

煤层产状是指煤层在空间的位置及特征。煤层产状要素有走向、倾向和倾角,如图 3-1 所示。

(1)走向。煤层走向线是指煤层层面与水平面相交的线。走向线两端所指的方向称为走向。走向代表煤层在水平面中的延伸方向。

(2)倾向。煤层层面上与走向垂直的线称为倾斜线。倾斜线由高向低在水平面投影所指的方向称为倾向。

(3)倾角。煤层层面与水平面所夹的最大锐角称为倾角。

根据矿井开采技术的特点,煤层按倾角大致可分为 4 类:

① 近水平煤层,是指倾角为 8°以下的煤层。② 缓倾斜煤层,是指倾角为 8°～25°的煤层。③ 倾斜煤层,是指倾角为 25°～45°的煤层。④ 急倾斜煤层,是指倾角为 45°以上的煤层。

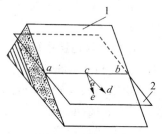

图 3-1　煤层产状

ab——走向线;cd——倾向线;ce——倾斜线;α——煤层倾角;

1——煤层层面;2——水平面

二、地质构造

地质构造是指煤岩体在地壳运动作用下发生变化留下的形态或迹象。矿井地质构造包括井田范围内的褶皱、断层、节理和层间滑动等。矿井地质构造是影响煤矿生产和安全最重要的地质条件,也是岩体失稳的重要地质因素。

（一）常见的构造形态

1. 褶皱构造

岩层或煤层在地应力作用下形成的一系列连续的弯曲形态称为褶皱构造。每一个单独的弯曲称为褶曲。岩层向上凸起,并且核部是老地层、两侧为新地层者称为背斜;岩层向下凹陷,并且核部是新地层、两侧为老地层者称为向斜,如图 3-2 所示。

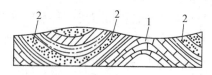

图 3-2　背斜和向斜

1——背斜;2——向斜

2. 断裂构造

煤(岩)层受力后发生断裂,出现断裂面,失去了连续完整性的构造形态称为断裂。断裂面两侧煤(岩)层没有发生明显位移的断裂构造称为裂隙或节理;断裂面两侧煤(岩)层产生明显位移的断裂构造称为断层。

为了描述断层的性质及其在空间的位置和形态,可用断层要素来表示。断层要素包括断层面、断层线、上盘、下盘和断距等,如图 3-3 所示。

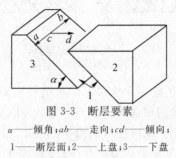

图 3-3 断层要素

α——倾角;ab——走向;cd——倾向;
1——断层面;2——上盘;3——下盘

根据断层上、下盘相对运动的方向,断层可分为正断层、逆断层和平推断层。

(1) 正断层,是指上盘相对下降,下盘相对上升的断层,如图 3-4(a)所示。

(2) 逆断层,是指上盘相对上升,下盘相对下降的断层,如图 3-4(b)所示。

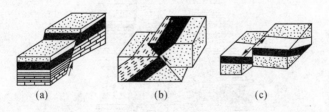

图 3-4 断层分类

(a) 正断层;(b) 逆断层;(c) 平推断层

（3）平推断层，是指两盘沿断层面作水平方向相对位移的断层，如图 3-4（c）所示。

3．冲蚀、陷落柱和岩浆侵入

（1）冲蚀，是指成煤后水流侵蚀了煤层、顶板甚至底板，而过后又被砂石充填的现象，又称冲刷带。有的还在煤层内形成包裹体，如图 3-5 所示。

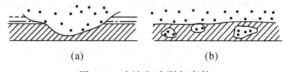

（a）　　　　　　　　　　　（b）

图 3-5　冲蚀和冲刷包裹体

（a）冲蚀；（b）冲刷包裹体

（2）陷落柱，是指煤系地层下部可溶性岩石在地下水溶蚀和重力作用下产生的坍塌现象。由于坍塌呈圆形或不甚规则的椭圆形柱状体，所以称为"陷落柱"，如图 3-6 所示。陷落柱内有大小不等的煤块、岩块和其他杂质胶结在一起，不坚硬，有的有积水、瓦斯等。在水文地质复杂的矿井中，陷落柱常是地下水的良好通道。陷落柱顶板难于管理。

图 3-6　岩溶陷落柱

（3）岩浆侵入体。含煤区域内的岩浆活动，无论是侵入、穿插或接触煤层，均可导致煤层的破坏和煤的变质，有的岩浆岩体还直接破坏煤层顶底板，使顶底板失去均一性，如图 3-7 所示。岩浆侵入体的存在，是影响煤矿正常生产和安全的地质因素之一。

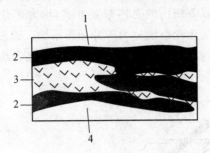

图 3-7　煤层受岩浆侵入破坏
1——顶板；2——煤层；3——岩浆岩；4——底板

（二）地质构造对煤矿安全生产的影响

1. 褶皱的影响

大型背、向斜轴部附近顶板压力常有增大现象，必须加强支护，否则容易发生冒顶事故，给顶板管理带来困难。有瓦斯突出倾向的矿井，向斜附近往往是瓦斯突出易发区域。

2. 断层的影响

（1）断层带岩石破碎，裂隙发育，易冒落，顶板管理困难。

（2）较大的断层破碎带充满水后，可形成一个较大的储水构造；同时，断层破碎带还可以沟通若干个含水层，形成导水构造。当施工至这类含水构造时，容易造成水灾。

（3）断层破碎带透气性能较好，在高瓦斯矿井中，瓦斯极易在此积聚，可能会造成瓦斯突出，给安全生产带来威胁。断层的开放性、封闭性对附近瓦斯涌出形式有较大影响。

（4）断层破坏了煤层的连续性，给采区划分、工作面布置带来难度。较大断层可形成较宽的无煤带，既损失宝贵的煤炭资源，又使采煤工艺复杂化，给煤矿安全生产带来不利影响。

第二节　矿井开采基本知识

一、矿井开拓方式

开拓巷道在井田内的总体布置方式,称为矿井开拓方式。由这些井巷构成的生产系统称为矿井开拓系统。通常按井筒形式将矿井开拓划分为立井开拓、斜井开拓、平硐开拓和综合开拓 4 种方式,如图 3-8 所示。

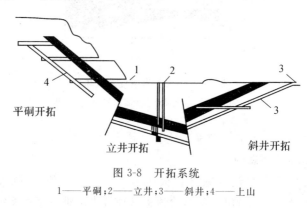

图 3-8　开拓系统

1——平硐;2——立井;3——斜井;4——上山

1. 立井开拓

立井开拓是指利用垂直巷道由地面进入地下,并通过一系列巷道通达矿体(煤层)的开拓方式。立井开拓是广泛应用的一种开拓方式。

2. 斜井开拓

斜井开拓是指利用倾斜巷道由地面进入地下,并通过一系列巷道通达矿体(煤层)的一种开拓方式。当井田划分为阶段或盘区时,利用斜井来集中开拓,称为斜井分区式开拓(或集中斜井开拓)。当井田划分为一个水平开采时,称为斜井单水平分区式开拓;划分为多水平时,则称为斜井多水平分区式开拓。

3. 平硐开拓

平硐开拓是指利用水平巷道从地面进入地下并通过一系列巷

道通达矿体(煤层)的开拓方式。平硐开拓一般设主、副平硐或阶梯平硐。当受到地形限制时,也可以只设一个平硐供煤炭运输及辅助运输用,而在浅部露头另设通风平硐或通风小井,作为回风和安全出口。

4. 综合开拓

综合开拓是指借助于 2 种或 2 种以上井筒形式从地面进入地下,并通过一系列巷道通达矿体(煤层)的开拓方式。

二、矿山压力

地下的煤岩层,在未采动之前,处于应力平衡状态。采掘工程使其应力重新分布,这种由于应力重新分布而存在于采掘空间周围岩体内和作用在支护物上的力称为矿山压力,简称矿压。在矿山压力作用下,围岩和支护物会呈现各种力学现象,称为矿山压力显现,如顶板下沉、底板鼓起,巷道变形,岩体大面积冒落等,这些都会给地下开采工作造成不同程度的危害。

三、巷道掘进方法

巷道掘进方法是掘进方法和工艺的总称,包括钻爆掘进和机械化掘进等。其主要工序有破岩、装岩、运岩和支护等。

1. 破岩

钻爆破岩是指利用电钻或风钻进行打眼、装药爆破的方法。光面爆破(简称光爆)是指在钻眼爆破过程中,通过采取一定措施,使爆破后的巷道断面形状、尺寸基本符合设计要求,并尽量使巷道轮廓以外的围岩不受破坏的一种破岩方法。综合机械化破岩是指利用综掘机对煤岩体进行切割和破碎的方法,具有掘进速度快、效率高、施工质量好等优点,在煤巷掘进中得到广泛应用。

2. 装岩与运岩

装运岩煤有人工装运和机械装运 2 种方法。目前,我国常用的装岩机有耙斗式和铲斗式 2 种。运输普遍采用矿车,用人或电机车调车。掘进煤巷时可以直接用刮板输送机或带式输送机运煤,综掘设备本身连接有装煤运煤设施。

3. 巷道支护

维持巷道的有效断面,保持巷道安全使用空间的工作称为巷道支护,其目的是阻止围岩变形和垮落,防止顶板事故发生。巷道支护种类有架棚支护(金属拱形支护、木支护)、锚杆支护、锚喷支护、砌碹支护等。其中,锚喷支护和砌碹支护属于巷道永久支护,其服务年限较长。

(1)架棚支护。架棚支护按棚式支架的材料构成,可分为木支架、金属支架和钢筋混凝土支架 3 种;按巷道断面形状可分为梯形支架和拱形支架;按支架结构可分为刚性支架和可缩性支架。

(2)锚杆、锚喷支护。锚杆支护就是将锚杆预设在围岩中,使岩体得以加固,形成一个完整的支护结构。锚喷支护是锚杆支护、喷射混凝土支护和锚杆与喷射混凝土联合支护的总称。

(3)砌碹支护。砌碹支护的主要形式是直墙拱顶式。该支护具有坚固、耐久、防火、通风阻力小等优点。缺点是施工复杂、劳动强度大、成本高和进度慢等。直墙拱顶支护由拱、墙和基础 3 部分组成。

四、采煤工艺

在采煤工作面内按照一定顺序完成各项工序及其配合,称为采煤工艺。采煤工艺与回采巷道布置及其在时间上、空间上的相互配合总称为采煤方法。我国常见的采煤工艺有爆破采煤(简称炮采)、普通机械化采煤(简称普采)、综合机械化采煤(简称综采)、综采放顶煤等。

1. 爆破采煤工作面采煤工艺

炮采工艺的主要特点是采用爆破落煤。

(1)落煤。用钻眼爆破的方法把煤从煤壁上崩落下来,称为爆破落煤,它包括钻眼、装药、连线和爆破等工序。

(2)装煤、运煤。装煤一般采用爆破抛掷装煤和人工装煤 2 种方式。运煤方式主要有自重运输和刮板输送机运输 2 种。刮板输送机可分为拆移式和可弯曲式 2 种。可弯曲式刮板输送机采用液压千斤顶或其他类型的千斤顶移置。

（3）工作面支护。工作面的支护方式一般采用单体液压支柱和铰接顶梁支护，使得液压支柱在倾斜方向上呈直线状。

（4）采空区处理。采煤工作面控顶距以外的空间称为采空区。采空区的处理方法有全部垮落法、充填法、煤柱支撑法和缓慢下沉法等。爆破采煤工作面采空区处理一般采用全部垮落法。

2. 普通机械化采煤工作面采煤工艺

普采工艺的主要特点是用采煤机落煤。采煤机主要有刨煤机和滚筒采煤机 2 类。滚筒采煤机主要有单滚筒和双滚筒 2 种。

（1）落煤、装煤。普采工作面的落煤与装煤由采煤机完成。

（2）运煤。普采工作面运煤采用可弯曲刮板输送机。推移输送机时，利用液压千斤顶将输送机移到目的地，并使输送机平、直，符合要求。

（3）支护。普采工作面使用单体液压支柱与铰接顶梁组成的悬臂支架支护顶板。

（4）采空区处理。采空区处理与炮采工艺相同，一般采用全部垮落法。对极坚硬的顶板，可以利用深孔爆破方法强制放顶以保证工作面的安全生产。

3. 综合机械化采煤工作面采煤工艺

综采工艺的主要特点是采用采煤机落煤，用整体自移式液压支架支护顶板，落煤、装煤、运煤、支护全部工序实现了机械化。综采工作面设备的配套很关键，尤其应使采煤机、刮板输送机和液压支架这三大设备均符合工作面的条件，并在生产能力、设备强度、空间尺寸等方面配套。

（1）割煤、运煤。综采工作面主要采用双向割煤，往返一次进两刀，斜切式进刀。采用可弯曲刮板输送机运煤。

（2）支护。综采工作面支护主要采用自移式液压支架，工作面两端一般采用端头支架支护。按支架与围岩的相互作用方式，支架可分为支撑式、掩护式及支撑掩护式 3 种基本类型。

（3）刮板输送机和支架的移动。支架的形式不同则移架和移刮板输送机的方式也不同。整体式支架、移架和推移刮板输送机共用一个液压千斤顶连接支架底座和刮板输送机槽,互为支点,进行推、拉刮板输送机和支架。迈步式自移支架的移动,依靠本身两框架互为支点,用一千斤顶推拉两框架分别前移,另用一千斤顶推移刮板输送机。

(4)采空区处理。综采工作面主要用垮落法处理采空区。

4. 综采放顶煤采煤工艺

综采放顶煤工艺的主要特点是采用采煤机割煤和放顶煤。综采放顶煤工艺是在厚煤层中沿煤层底板布置采煤工作面,煤壁采用采煤机割煤,顶煤从支架后部放煤口放煤,用前后 2 个刮板输送机运煤的采煤工艺。综采放顶煤与综采工艺基本相似,只是综采放顶煤适用于厚煤层开采,且多一道放煤工序。放煤是利用矿山压力将工作面顶部煤在工作面推进过后破碎,在支架掩护梁上的放煤窗口放落,并将冒落顶煤通过后部刮板输送机运出。

放顶煤综采机械由采煤机、自移式液压支架及 2 部刮板输送机所组成。其中,液压支架与普通支架有所不同,即:在掩护梁上具有一个液控落煤窗口,在掩护梁下安装第 2 台刮板输送机。

五、矿井生产系统

煤矿的生产系统主要有采煤系统、掘进系统、运输提升系统、通风系统、排水系统、供电系统、供水系统、压风系统等。它们由一系列的井巷工程和机械、设备、仪器、管线等组成。

1. 采煤系统

煤矿生产的中心环节是利用各种采煤方法进行采煤作业。采煤系统包括合理的巷道布置和适宜的采煤工艺(包括破煤、装煤、运煤、支护、采空区处理等)。

2. 掘进系统

掘进系统就是按照井田开采规划的总体部署和采煤设计要求,开掘各种类型的巷道,合理而有序地开采煤炭资源的准备系统。采掘衔接是矿井生产均衡的重要保证,掘进作业是其中的重要环节。

3. 提升运输系统

矿井运输和提升系统的主要任务,是将井下煤炭和废矸运到地面,将井下需要的材料和设备运入井下使用地点,以及井下人员的运送等。

4. 通风系统

新鲜空气由进风井进入矿井后,经过井下各用风场所,然后从回风井排出矿井,风流所经过的整个路线及其配套的通风设施称为矿井通风系统。矿井通风系统是煤矿井下生产中重要的系统之一。为煤矿井下提供新鲜适宜的空气,营造一个舒适的气候环境,是搞好安全生产的前提。

5. 排水系统

矿井排水系统包括泵房、水仓、水泵、管路等设施。它的作用就是将矿井水不断排到地面,防止矿井被淹没,保证人身安全和正常生产。

6. 供电系统

供电系统主要是为井下机械设备提供动力。常用的煤矿供电系统是:地面变电所→井下中央变电所→采区变电所→(移动式变电站)→工作面配电点。

煤矿井下除采煤、掘进、运输、通风、供电、供排水系统外,还有一些辅助系统,如煤矿安全避险系统、灌浆系统等,都为煤矿安全生产提供技术、设施设备保障。

第三节　矿井通风基本知识

一、矿井通风概述

矿井空气是来自地面的新鲜空气、井下产生的有害气体和浮尘的混合体。地面空气是由氧气(O_2)、氮气(N_2)、二氧化碳和其他一些微量气体所组成的混合气体。地面空气进入井下以后,由于煤岩和其他物质的氧化、人的呼吸等,使氧气减少而二氧化碳增加;另外,井下工作面在作业过程中,不断产生甲烷、二氧化碳、二氧化氮、二氧化硫(SO_2)、硫化氢、一氧化碳、氨气(NH_3)等有害气体;采掘、运输过程中产生岩尘、煤尘。为了保障井下作业人员的职业健康和对氧气的需求,预防各类事故发生,矿井必须具有完善的通风系统。矿井通风是"一通三防"(通风,防瓦斯、防尘、防火)工作的基础,是煤矿安全生产的重要基础保障。

1. 矿井通风的任务

(1) 向井下各工作场所连续不断地供给适宜的新鲜空气,供人呼吸。

(2) 把有毒有害气体和矿尘稀释到安全浓度以下,并排到矿井之外。

(3) 提供适宜的气候条件,创造良好的生产环境,以保障职工的身体健康和生命安全及机械设备的正常运转。

(4) 提高矿井抗灾能力。

2.《煤矿安全规程》的相关规定

煤矿作业人员在井下工作时,需要一个适宜的气候条件,包括适宜的温度、湿度、风速。因此,《煤矿安全规程》对此都有明确的规定。

(1) 采掘工作面的进风流中,氧气浓度不低于20%,二氧化碳浓度不超过0.5%。

(2) 矿井有害气体的最高允许浓度如表3-1所示。瓦斯、二氧化碳和氢气的允许浓度按《煤矿安全规程》的有关规定执行。

表 3-1　　　　　　矿井有害气体的最高允许浓度

名　　称	最高允许浓度/%
一氧化碳(CO)	0.002 4
氧化氮(换算成二氧化氮 NO_2)	0.000 25
二氧化硫(SO_2)	0.000 5
硫化氢(H_2S)	0.000 66
氨(NH_3)	0.004

(3) 采掘工作面的空气温度不得超过26 ℃,机电硐室的空气

温度不得超过 30 ℃。采掘工作面的空气温度超过 30 ℃、机电设备硐室的空气温度超过 34 ℃时,必须停止作业。

(4) 采煤工作面、掘进中的煤巷和半煤岩巷最低允许风速为 0.25 m/s,掘进中的岩巷最低允许风速为 0.15 m/s,最高允许风速为 4 m/s。

二、矿井通风系统

1. 矿井通风方法

矿井通风方法是指矿井主要通风机对井下供风的工作方法。《煤矿安全规程》规定每一矿井必须采用机械通风。机械通风就是利用通风机产生的风压,对矿井和井巷进行通风的方法。矿井主要通风机对井下供风的工作方式可分为抽出式、压入式和抽压混合式 3 种。

矿井必须安装 2 套同等能力的主要通风机装置,其中 1 套作备用,备用通风机必须能在 10 min 内开动。生产矿井主要通风机必须装有反风设施,并能在 10 min 内改变巷道中的风流方向;当风流方向改变后,主要通风机的供给风量不应小于正常供风量的 40%。

2. 矿井通风方式

根据进风井与回风井之间的相互位置关系不同,矿井通风方式可分为中央式、对角式和混合式 3 类。

(1) 中央式通风。中央式通风是指进风井与回风井大致位于井田走向的中央。按进、回风井在井田倾斜方向位置的不同又分为中央并列式和中央边界式 2 种。

(2) 对角式通风。对角式通风是指进风井大致位于井田中央,回风井位于井田浅部走向上方的通风系统。根据回风井在走向位置的不同又可分为两翼对角式、分区对角式 2 种。

(3) 混合式通风。混合式通风即中央式与对角式的混合布置,常见的混合式有中央并列与双翼对角混合、中央边界与双翼对角混合及中央并列与中央边界混合等。

3. 矿井通风网络

矿井通风网络是指风流流经井巷的分布形式。

(1) 串联网络。多条风路依次连接起来的网络称为串联网络。井下 2 条或 2 条以上的通风井巷首尾相连,前一井巷的出风端是下一井巷的进风端。其特点是:串联的通风井巷越多,风阻越大;若进风侧发生灾害,势必影响到回风侧;各段巷道中的风量不能随意改变。

(2) 并联网络。2 条或 2 条以上的风路从某一点分开到达另一点汇合的网络称为并联网络。其特点是:并联的通风井巷越多,各井巷分得的风量越少,风阻也越小,并且各井巷互不干扰,安全性好。

(3) 角联网络。有 1 条或多条风路把 2 条并联风路连通的网络称为角联网络。并联网络中的 2 条井巷之间,被 1 条或多条井巷横跨接通,横跨于并联网络中的井巷称为对角巷或对角风路。对角风路中的风流方向不稳定,在矿井设计中应尽量避免出现角联网络。

4. 矿井通风设施

为了保证风流沿需要的路线流动,就必须在某些巷道中设置相应的通风设施(又称通风构筑物),如风门、风桥、风墙、风窗等,以便对风流进行控制。

(1) 风门。在井下平时行人、行车的巷道内设置的能够隔断风流和对风量进行调节的通风构筑物称为风门。

(2) 风桥。在进、回风巷道的交叉点,为避免风流短路而建造的通风构筑物称为风桥。根据风桥的服务年限,可分为永久性风桥和临时性风桥两大类。永久性风桥有绕道式风桥和混凝土(或砖石)风桥;临时性风桥一般用木板或铁风筒构成。

(3) 风墙。风墙又称"密闭",是为截断风流而在巷道中设置的隔墙。凡是不运输、不行人,又需遮断风流的井巷都应设有风墙,可用它来封闭采空区、火区和废弃的旧巷等。

(4) 风窗。风窗又称"调节风门",是安装在风门或其他通风设施上可调节风量的窗口。在并联网络中,若一个风路中风量需要增加,则可在另一风路中安设风窗,使并联风网中的风量按需供应,达到风量调节的目的。

三、矿井通风基本要求

1. 采区通风

采区通风系统是矿井通风系统的基本组成部分,是指矿井风流从主要进风巷进入采区,流经有关巷道,清洗采掘工作面、硐室和其他用风巷道后,排到矿井主要回风巷的整个风流路线。

(1)每一个生产水平和采区,必须布置单独的回风巷,实行分区通风。采区进、回风巷必须贯穿整个采区的长度或高度。严禁一段为进风巷,一段为回风巷。采掘工作面、硐室都要采用独立通风。采用串联通风时,必须符合《煤矿安全规程》的要求。

(2)井下各地点按《煤矿安全规程》对风流中的瓦斯、二氧化碳、氢气和其他有害气体的浓度,风速以及温度,每人供风量的规定合理配风。按井下同时工作的最多人数计算,每人每分钟供给风量不得少于 4 m^3。要尽量减少采区漏风。

(3)有煤(岩)与瓦斯(二氧化碳)突出危险的采煤工作面不得采用下行通风。

(4)凡长度超过 6 m 而又不通风或通风不良的独头巷道,按盲巷管理。

2. 采煤工作面通风

采煤工作面通风主要采取全风压通风方式,即利用矿井主要通风机产生的风压和通风设施向工作面供风的通风方法。采煤工作面常用的通风方式主要有 U 形、W 形、Y 形、Z 形等。

3. 掘进通风

掘进通风又称局部通风,其方法主要有全风压通风和局部通风机通风。其中,局部通风机通风是目前广泛采用的一种掘进通风方法,它有压入式、抽出式和混合式 3 种。瓦斯喷出区域和煤(岩)与瓦斯(二氧化碳)突出煤层的掘进通风必须采用压入式。

(1)压入式局部通风机和启动装置,必须安装在进风巷道中,距掘进巷道回风口不得小于 10 m;全风压供给该处的风量必须大于局部通风机的吸入风量。

（2）高瓦斯矿井、煤（岩）与瓦斯（二氧化碳）突出矿井、瓦斯矿井中高瓦斯区的煤巷、半煤岩巷和有瓦斯涌出的岩巷掘进工作面正常工作的局部通风机必须配备安装同等能力的备用局部通风机,并能自动切换。

（3）严禁使用 3 台以上(含 3 台)的局部通风机同时向 1 个掘进工作面供风。不得使用 1 台局部通风机同时向 2 个作业的掘进工作面供风。

（4）使用局部通风机通风的掘进工作面,不得停风;因检修、停电等原因停风时,必须撤出人员,切断电源。恢复通风前,必须检查瓦斯。只有在局部通风机及其开关附近 10 m 以内风流中的瓦斯浓度都不超过 0.5% 时,方可人工开启局部通风机。

（5）掘进工作面的局部通风要实现"三专两闭锁"。"三专"即专用变压器、专用开关、专用电缆,"两闭锁"即风电闭锁和瓦斯电闭锁。

复习思考题

1. 煤（岩）层产状三要素是什么?

2. 煤层按厚度如何分类?

3. 什么是地质构造? 常见的构造形态有哪些?

4. 什么是矿山压力?

5. 矿井通风任务有哪些?

6. 简述矿井通风系统构成。

7. 掘进工作面通风有哪些具体要求?

第四章　矿井事故及其防治

第一节　瓦斯事故及其防治

一、矿井瓦斯性质及其危害

1. 瓦斯性质

矿井瓦斯是矿井中以煤层气构成的以甲烷为主的混合气体。甲烷是无色、无味、无臭的气体;微溶于水;相对空气密度为 0.554,比空气轻;它有很强的扩散性、渗透性;甲烷本身无毒,但不能供人呼吸;甲烷不助燃,但具有窒息性、燃烧性和爆炸性。

瓦斯在煤层及围岩中的赋存状态有游离状态、吸附状态 2 种。

(1) 游离状态。瓦斯以自由气体状态存在于煤层或围岩的空隙之中,其分子可自由运动,处于承压状态。

(2) 吸附状态。吸附状态的瓦斯按照结合形式的不同,又分为吸着状态和吸收状态。吸着状态是指瓦斯被吸着在煤体或岩体微孔表面,在表面形成瓦斯薄膜;吸收状态是指瓦斯被溶解于煤体中,与煤的分子相结合。

2. 矿井瓦斯等级划分

矿井瓦斯等级是根据实际测定的瓦斯涌出量、瓦斯涌出形式以及实际发生的瓦斯动力现象、实测的突出危险性参数等所划分的矿井瓦斯危险程度等级。它是矿井瓦斯涌出量大小和安全程度的基本标志。矿井瓦斯等级划分为煤与瓦斯突出矿井、高瓦斯矿井、瓦斯矿井。

(1) 煤与瓦斯突出矿井。《煤矿瓦斯等级鉴定暂行办法》中规定,具备下列情形之一的矿井为突出矿井:① 发生过煤(岩)与瓦斯(二氧化碳)突出的。② 经鉴定具有煤(岩)与瓦斯(二氧化碳)突出煤(岩)层的。③ 依照有关规定有按照突出管理的煤层,但在规定期限内未完成突出危险性鉴定的。

(2) 高瓦斯矿井。《煤矿瓦斯等级鉴定暂行办法》中规定,具备下列情形之一的矿井为高瓦斯矿井:① 矿井相对瓦斯涌出量大于 10 m³/t;② 矿井绝对瓦斯涌出量大于 40 m³/min;③ 矿井任一掘进工作面绝对瓦斯涌出量大于 3 m³/min;④ 矿井任一采煤工作面绝对瓦斯涌出量大于 5 m³/min。

(3) 瓦斯矿井。《煤矿瓦斯等级鉴定暂行办法》中规定,同时满足下列条件的矿井为瓦斯矿井:① 矿井相对瓦斯涌出量小于或等于 10 m³/t。② 矿井绝对瓦斯涌出量小于或等于 40 m³/min。③ 矿井各掘进工作面绝对瓦斯涌出量均小于或等于 3 m³/min。④ 矿井各采煤工作面绝对瓦斯涌出量均小于或等于 5 m³/min。

3. 瓦斯的危害

矿井瓦斯的危害主要有以下 3 个方面:

(1) 当空气中瓦斯的含量达到一定值时,遇火会燃烧或爆炸。瓦斯气体和氧气的数量相匹配时,反应就充分、剧烈,表现为瓦斯爆炸,反之就表现为瓦斯燃烧。

(2) 当空气中瓦斯浓度很高时,空气中的氧含量相对降低,会使人窒息。

(3) 煤层及围岩中的瓦斯气体达到一定的压力,在冲击地压和采掘活动等诱因作用下,可以导致煤与瓦斯突出。

4. 瓦斯治理方针与工作体系

我国煤矿必须遵循"先抽后采,以风定产,监测监控"的十二字瓦斯治理方针,着力建立"通风可靠、抽采达标、监控有效、管理到位"的十六字煤矿瓦斯综合治理工作体系。

"先抽后采,以风定产,监测监控"的十二字瓦斯治理方针是各类煤矿瓦斯灾害防治的指南,只要认真贯彻执行,煤矿瓦斯事故是可以全面预防和有效控制的。"先抽后采"是瓦斯防治的基础,是从源头上治理瓦斯灾害事故的治本之策和关键之举;"以风定产"

是治理瓦斯的基本生产管理制度,是防止矿井瓦斯积聚的先决条件;"监测监控"是治理瓦斯事故的重要防线和技术保障措施。三者是一个相辅相成的有机整体,不可分割。

"通风可靠,抽采达标,监控有效,管理到位"的十六字煤矿瓦斯综合治理工作体系,是煤矿瓦斯治理实践经验的概括总结,是对瓦斯治理规律认识的深化,是治理防范瓦斯灾害的基本要求。"通风可靠"的基本要求是系统合理、设施完好、风量充足、风流稳定;"抽采达标"的基本要求是多措并举、应抽尽抽、抽采平衡、效果达标;"监控有效"的基本要求是装备齐全、数据准确、断电可靠、处置迅速;"管理到位"的基本要求是责任明确、制度完善、执行有力、监督严格。

二、矿井瓦斯爆炸事故

矿井瓦斯爆炸事故是能造成多人伤亡事故的"第一杀手"。瓦斯爆炸时能产生 1 850 ℃ 以上的高温气体和强大冲击波,从而造成人员伤亡和设备、设施的损坏。如果爆炸源附近的沉积煤尘被扬起,还将导致煤尘爆炸。瓦斯爆炸时会产生大量的有毒有害气体,会造成人员因中毒而伤亡。

1. 瓦斯爆炸条件

瓦斯爆炸必须同时具备 3 个条件,即一定浓度的瓦斯,一定温度的引燃火源,足够的氧气含量,三者缺一不可。

(1)一定浓度的瓦斯。瓦斯只在一定的浓度范围内爆炸,这个浓度范围称瓦斯的爆炸界限。一般情况下这个范围为 5% ~ 16%,实践证明,瓦斯的爆炸界限不是固定不变的,它受到许多因素的影响。比如,空气中其他可燃可爆气体的混入,可以降低瓦斯爆炸浓度的下限;浮游在瓦斯混合气体中的具有爆炸危险性的煤尘,不仅能增加爆炸的猛烈程度,还可降低瓦斯的爆炸下限;惰性气体的混入会使爆炸下限会提高、上限会降低,即爆炸浓度范围减小。

(2)一定温度的引燃火源。在正常大气条件下,瓦斯在空气中的引火温度为 650 ~ 750 ℃,瓦斯的最小点燃能量为 0.28 mJ。

煤矿井下的明火、煤炭自燃、电弧、电火花、炽热的金属表面和撞击或摩擦火花都能点燃瓦斯。

（3）足够的氧含量。瓦斯爆炸是一种迅猛的氧化反应，没有足够的氧含量，就不会发生瓦斯爆炸。氧浓度低于12％时，混合气体失去爆炸性。

2. 瓦斯爆炸预防措施

瓦斯爆炸事故是可以预防的。预防瓦斯爆炸就是指消除瓦斯爆炸的条件并限制爆炸火焰向其他区域传播，归纳起来主要有以下3个方面。

（1）防止瓦斯积聚。① 加强通风。加强通风是防止瓦斯积聚的根本措施。瓦斯矿井的通风必须做到有效、稳定和连续不断，才能将井下涌出的瓦斯及时稀释并排出。② 抽采瓦斯。先抽后采是预防瓦斯事故的治本措施。对于采用一般通风方法不能解决瓦斯超限的矿井或工作面，可以采用抽采瓦斯的方法，将瓦斯抽排至地面。③ 及时处理积聚的瓦斯。瓦斯积聚是指局部空间的瓦斯浓度达到2％，其体积超过 0.5 m³ 的现象。当发生瓦斯积聚时，必须及时处理，防止局部区域达到瓦斯爆炸浓度的下限。④ 加强检查和监测瓦斯。井下采掘工作面和其他地点要按要求检查瓦斯浓度。采掘工作面及其作业地点风流中瓦斯浓度达到1.0％时，必须停止用电钻打眼；爆破地点附近20 m 以内风流中，瓦斯浓度达到1.0％时，严禁装药爆破；采掘工作面及其他作业地点风流中、电动机或其开关安设地点附近20 m 以内风流中的瓦斯浓度达到1.5％时，必须停止工作，切断电源，撤出人员，进行处理；采区回风巷、采掘工作面回风巷风流中瓦斯浓度超过1.0％或二氧化碳浓度超过1.5％时，必须停止工作，撤出人员，采取措施，进行处理。

矿井必须装备安全监测监控系统。对因瓦斯浓度超过规定被切断电源的电气设备，必须在瓦斯浓度降到1.0％以下时，方可通电启动。

《煤矿重大安全生产隐患认定办法（试行）》规定，瓦斯超限作业是指瓦斯检查员配备数量不足的;不按规定检查瓦斯,存在漏检、假检的;没有预抽瓦斯的;井下瓦斯超限后不采取措施继续作业的。

（2）防止瓦斯引爆。引爆瓦斯的火源主要有明火、爆破火焰、电火花及摩擦火花4种。

《煤矿安全规程》规定,严禁携带烟草和点火物品下井;井下严禁使用灯泡取暖和使用电炉;井下严格烧焊管理;严格井下火区管理;防止出现爆破火焰;井下不得带电检修、搬迁电气设备;井下防爆电气设备的运行、维护和修理工作,必须符合防爆性能各项技术要求。

（3）防止瓦斯事故扩大。井下局部区域一旦发生瓦斯爆炸,应尽可能缩小其波及范围,避免继发性的瓦斯煤尘爆炸。防止瓦斯爆炸灾害扩大措施有以下几种。① 实行分区通风。每一生产水平和每一采区,都必须布置单独的回风巷,防止事故发生区域对其他区域的影响。② 安设隔爆设施。有煤尘、瓦斯爆炸危险的矿井必须按要求安设隔爆水槽或岩粉棚,主要是利用隔爆设施的降温作用破坏相邻区域发生继发性煤尘爆炸的条件,防止事故扩大化。③ 建立矿井设置紧急避险系统、压风自救系统。保证发生事故时相关人员的避难,减小伤亡损失。④ 组织编制矿井事故应急救援预案,并组织演练,提高逃生能力。

第二节　煤尘爆炸事故及其防治

一、矿尘的特点及危害

1. 矿尘的特点

粉尘是指固体物质细微颗粒的总称。矿尘是指矿井生产过程中产生的粉尘。煤尘是采掘过程中产生的以煤炭为主要成分的微细颗粒,是矿尘的一种。常把沉积于器物表面或井巷四壁之上的矿尘称为落尘;悬浮于井巷空间空气中的矿尘称为浮尘。落尘与浮尘在不同风流环境下是可以相互转化的。

2. 矿尘的危害

矿尘的危害主要表现为:① 易导致职业病。② 有爆炸性的煤尘可以爆炸。③ 污染井下环境和设备。④ 影响安全生产。

二、煤尘爆炸的条件

煤尘爆炸必须同时具备 4 个条件,即:煤尘具有爆炸性;一定的煤尘浓度;一定温度的引燃火源;足够的氧气含量。4 个条件缺一不可。

(1)煤尘本身具有爆炸性。煤尘可分为爆炸性煤尘和无爆炸性煤尘。煤尘的挥发分越高,越容易爆炸。煤尘有无爆炸性,要通过煤尘爆炸性鉴定才能确定。

(2)煤尘的爆炸浓度。具有爆炸性的煤尘只有在空气中呈浮游状态并具有一定的浓度时才能发生爆炸。煤尘爆炸浓度下限为 $45 g/m^3$,上限为 $1 500\sim2 000 g/m^3$,爆炸威力最强的煤尘浓度为 $300\sim400 g/m^3$。

(3)高温热源。能够引燃煤尘爆炸热源温度的变化范围比较大,它与煤尘中挥发分含量有关。煤尘爆炸的引燃温度变化在 $610\sim1 050$ ℃之间。煤矿井下能点燃煤尘的高温火源主要为爆破时出现的火焰、电气火花、冲击火花、摩擦高温、井下火灾和瓦斯爆炸等。

(4)空气中氧气浓度不低于 18%。氧气浓度低于 18% 时,煤尘就不能爆炸。

影响煤尘爆炸的因素很多,如煤的物理化学性质、煤尘的粒度、瓦斯与岩粉的混入等。瓦斯的存在将使煤尘爆炸下限降低,从而增加煤尘爆炸的危险性。随着瓦斯浓度的增高,煤尘爆炸浓度下限急剧下降。

三、煤尘爆炸的预防措施

煤尘爆炸后产生的冲击波会毁坏巷道、损伤人员,还会造成矿井火灾、巷道冒落等二次灾害。预防煤尘爆炸的技术措施主要包括 3 个方面。

1. 减尘、降尘

减尘、降尘是指在煤矿井下生产过程中,通过减少煤尘产生量或降低空气中悬浮煤尘含量以达到从根本上杜绝煤尘爆炸可能性的措施。其主要方法有煤层注水、使用水炮泥、喷雾降尘、清除落尘等。

2. 防止引燃煤尘

防止引燃煤尘的措施与防止瓦斯引燃的措施大致相同。特别要注意的是:瓦斯爆炸往往会引起煤尘爆炸。此外,煤尘在特别干燥的条件下可产生静电,放电时产生的火花也能引起自身爆炸。

3. 隔绝煤尘爆炸

防止煤尘爆炸的危害,还应采取降低爆炸威力、隔绝爆炸范围的措施,如撒布岩粉、设置隔爆水槽等。

第三节 水害事故及其防治

在矿井建设和生产过程中,地下水通过各式各样的通道进入矿井中,这种现象称为矿井充水。当涌入或溃入到工作面或井巷的地下水超过人们的预测,水量大、来势迅猛,造成人员伤亡和财产损失时,称为矿井透水事故,又称水害。水害事故是煤矿需要重点防范的灾害之一。

一、水害的原因及预兆

煤矿水害事故可以造成矿井生产停滞、人员伤亡、财产损失。造成矿井水害事故的原因很多,比如水文地质条件没有探明、防治水措施不力、违规冒险作业、违规开采防水煤柱等。

采掘工作面发生透水事故是有规律的,矿井透水前一般会有一些征兆。采掘工作面或者其他地点发生透水前的预兆有煤层变湿、挂红、挂汗、空气变冷、出现雾气、水叫、顶板来压、片帮、淋水加大、底板鼓起或产生裂隙、出现渗水、钻孔喷水、底板涌水、煤壁溃水、水色发浑、有臭味等。

《煤矿安全规程》规定,出现透水征兆时,应当立即停止作业,报告矿调度室,并发出警报,撤出所有受水威胁地点的人员。在原因未查清、隐患未排除之前,不得进行任何采掘活动。

二、水害防治十六字原则

矿井防治水工作应当坚持"预测预报,有疑必探,先探后掘,先治后采"的十六字原则,该原则科学地概括了水害防治工作的基本程序。

(1)预测预报是水害防治的基础,是指在查清矿井水文地质条件基础上,运用先进的水害预测预报理论和方法,对矿井水害作出科学的分析判断和评价。

(2)有疑必探是根据水害预测预报评价结论,对可能构成水害威胁的区域,采用物探、化探和钻探等综合探测技术手段,查明或排除水害。

(3)先探后掘是指先综合探查,确定巷道掘进没有水害威胁后再掘进施工。

(4)先治后采是指根据查明的水害情况,采取有针对性的治理措施排除水害威胁隐患后,再安排采掘工程。

三、水害防治综合措施

《煤矿防治水规定》要求防治水工作须采取"防、堵、疏、排、截"的综合治理措施。

1.防水

在地面构筑一些防水工程,以减少涌入矿井的涌水量,或合理进行矿井开拓与开采布置,为煤层开采创造安全有利的条件。根据《煤矿安全规程》规定,预留一定宽度的防隔水煤(岩)柱,使采掘工作面与地下水源或通道保持一定距离,以防止地下水涌入采掘工作面。

2.堵水

堵水是指采用局部注浆方式对涌水进行封堵的防治水方法,即将水泥浆或化学浆通过专门钻孔注入岩层空隙,浆液在裂隙中扩散时胶结硬化,起到加固煤系地层和堵隔水源的作用。

3. 疏水

疏水是利用钻孔疏排地下水,有计划、有步骤地降低含水层的水位和水压,使地下水局部疏干,为煤层开采创造必要的安全条件。

4. 排水

排水是指通过排水系统把地下水汇集到井下水仓中,由此集中排出井外。它也是指矿井采掘工作面采用钻探方法,由专业人员和专职探放水队伍进行探放水施工,把探出的地下水排放出来,消除隐患。

5. 截水

截水是指采用筑挡方式对涌水进行堵截的一种防治水方法。井下截水的主要措施包括构筑水闸墙和水闸门。水闸门设置在发生涌水时需要截水而平时仍需运输、行人的井下巷道内,它是整个矿井的重要截水工程。地面也可以采取对地表河流、洪水的截流治理。

第四节　顶板事故及其防治

顶板事故是指在井下采掘过程中,因顶板意外冒落造成的人员伤亡、设备损坏、生产中止等事故。

一、顶板事故的类型

1. 按其发生的力学原理分类

顶板事故按其发生的力学原理分为 3 类:① 因支护强度不足,顶板来压时压垮支架而造成的冒顶事故,称为压垮型冒顶。② 由于顶板破碎、支护不严引起破碎的顶板岩石冒落而引发的冒顶事故,称为漏垮型冒顶。③ 因复合型顶板重力的分力推动作用使支架大量倾斜失稳而造成的冒顶事故,称为推垮型冒顶。

2. 按其发生的规模分类

顶板事故按其发生的规模分为 2 类:① 局部冒顶,是指冒顶范围不大、伤亡人数不多的冒顶,常发生在煤壁附近、采煤工作面两端、放顶线附近、掘进工作面及年久失修的巷道等作业地点。

② 大面积冒顶,是指冒顶范围大、伤亡人数多的冒顶,常发生在采煤作业面、采空区、掘进工作面等作业地点。

二、顶板事故的防治

(一)采煤工作面冒顶事故的防治

1. 采煤工作面局部冒顶的预兆

(1)掉渣,顶板破裂严重。

(2)煤体压酥,煤壁片帮增多。

(3)裂缝变大,顶板裂隙增多。

(4)发出响声,岩层下沉断裂,如木支柱会发出劈裂声、金属支柱的活柱急速下缩发出的响声;或者采空区顶板断裂垮落时发出的闷雷声。

(5)顶板出现离层,用"问顶"方式试探顶板,如顶板发出"咚咚"声,说明顶板岩层之间已经离层。

(6)有淋水的采煤工作面,顶板淋水有明显增加。

(7)在含瓦斯煤层中,瓦斯涌出量会突然增大。

(8)破碎的伪顶或直接顶有时会因背顶不严或支架不牢出现漏顶现象。

2. 采煤工作面局部冒顶的预防措施

(1)及时支护悬露顶板,加强"敲帮问顶"。

(2)炮采时炮眼布置及装药量要合适,避免崩倒支架。

(3)尽量使工作面与煤层节理垂直或斜交以避免片帮,一旦片帮,应掏梁窝超前支护。

(4)综采工作面采用长侧护板、整体顶梁、内伸缩式前梁,增大支架向煤壁方向的推力,提高支架的初撑力。

(5)采煤机移过后,及时伸出伸缩梁,及时接顶带压移架。

(6)破碎直接顶范围较大时,可注入树脂类黏结剂固化,支护形式宜采用交错梁直线柱布置,必要时要支设贴帮柱。综采工作面宜选用掩护式液压自移支架。

3. 采煤工作面局部冒顶的处理

采煤工作面发生局部冒顶后,要立即查清情况、及时处理。处理采煤工作面冒顶的方法有探板法、撞楔法、小巷法和绕道法等。

(二)掘进巷道冒顶事故的防治

当掘进工作面巷道围岩应力较大、支架的支撑力不够时,就可能损坏支架,形成巷道冒顶。巷道冒顶事故多发生在掘进工作面及巷道交汇处。

1. 巷道冒顶事故的预兆

(1)掉渣、漏顶。破碎的伪顶或直接顶有时会因背板不严和支架不牢固出现漏顶现象,造成空顶、支架松动而冒顶。

(2)顶板有裂缝,裂缝迅速变宽、增多。

(3)顶板发出响声。顶板压力急剧加大时,顶板岩层下沉,顶板内有岩层断裂的声响;另外,木质支架或木板也会出现压弯断裂而发出响声。

(4)顶板出现离层,掘进面片帮次数明显增多。

(5)有淋水的巷道顶板淋水量增加。

2. 掘进巷道冒顶事故的预防措施

(1)根据岩石性质及有关规定,严格控制控顶距,严禁空顶作业。

(2)严格执行"敲帮问顶"制度,顶帮必须背严背实,危石必须挑下,无法挑下时要采取临时支撑措施。

(3)在破碎带或斜巷掘进时,要缩小支架间距,并用拉撑件把支架连在一起,防止推垮。

(4)支护失效替换支架时,必须先护顶,支好新支架,再拆老支架。

(5)斜巷维修巷道顶梁时,必须停止行车,必要时制定安全措施。

3. 巷道冒顶事故的处理

(1)先加固好冒落部位前后的支架,使用工字钢支架、U型钢支架等支护的,根据压力情况加密支架间距。

（2）支架要及时封顶，顶帮要背严插实，防止冒顶范围扩大，可用撞楔法在冒顶区打入铁钎或小圆木，用竹笆或板皮背严。

（3）清理冒落的煤矸，在无冒落危险情况下，尽快架好冒落部位的支架。

（4）排好护顶木垛。

第五节　火灾事故及其防治

矿井火灾事故常常是煤矿井下发生非控制性燃烧而酿成的事故。矿井火灾能够烧毁生产设备、设施，造成资源损失，产生大量高温烟雾及一氧化碳等有害气体，可以致使人员伤亡。

一、矿井火灾的分类

根据引起火灾的热源不同，将矿井火灾分为外因火灾和内因火灾 2 类。内因火灾是指由于煤炭及其他易燃物自身氧化积热发生燃烧引起的火灾，又称为煤炭自燃。由外部火源引起的火灾称为外因火灾。

二、矿井内因火灾及其预防

1. 煤炭自燃的条件

煤炭自燃的形成必须具备以下 4 个条件：① 煤本身具有自燃倾向，并呈破碎状态堆积存在。② 连续的通风供氧维持煤的氧化过程不断发展。③ 煤氧化生成的热量能大量蓄积，难以及时散失。④ 以上 3 个条件同时存在且时间大于煤炭自燃的发火周期。

2. 煤炭自燃的预兆

煤炭自燃初期，人体所能感受到的预兆有：

（1）火区附近空气湿度增大，有雾气，煤壁和支架上挂有水珠。

（2）火区附近空气温度升高，出水温度也高。

（3）有火灾气味，如汽油味、煤油味、煤焦油味等。

（4）一氧化碳含量增加，造成人体不适，出现头痛、头晕、恶心、呕吐、四肢无力、精神不振等。

煤炭自燃易发生的地点有采空区(特别是未及时封闭或封闭不严且留有大量浮煤的采空区)、煤柱内、煤层巷道的冒空垮帮处、地质构造附近。

3. 煤炭自燃的预防措施

(1) 选择合理的开拓、开采技术。

(2) 通风系统要合理。

(3) 及时封闭采空区。采煤工作面回采结束后,必须在 45 d 内进行永久性封闭。

(4) 可采用预防性灌浆或用阻化剂防火的技术手段。阻化剂是一些吸水性很强的无机盐类化合物,如氯化钙($CaCl_2$)、氯化镁($MgCl_2$)、氯化铵(NH_4Cl)以及水玻璃等,将这些阻化剂溶液喷洒在煤壁上、采空区或注入煤体内,具有阻止煤炭氧化和自燃的作用。

(5) 可采用胶体材料防火,如凝胶防火、胶体泥浆防火等。

三、矿井外因火灾及其预防

1. 外因火灾产生的原因

(1) 明火。明火产生的原因有:① 违章吸烟,使用电炉、灯泡取暖。② 电焊、气焊、喷灯熔断与焊接。

(2) 电火花。电火花产生的原因有:① 电气设备失爆、过负荷运行、短路产生的电火花。② 带电检修、搬迁电气设备产生的电火花。③ 电缆存在"鸡爪子"、"羊尾巴"和明接头等,易产生电火花。

(3) 违章爆破火焰。使用严重变质或过期的炸药,封泥不严、不实或封泥量不够,最小抵抗线不够,裸露爆破等违章爆破会产生火焰,引起火灾。

(4) 瓦斯、煤尘爆炸可继发火灾事故。

(5) 机械设备摩擦生热或撞击火花易引起火灾。

2. 外因火灾的预防措施

(1) 井口房和通风机房附近 20 m 内,不得有烟火或用火炉取暖。

(2) 入井人员严禁携带烟草和点火物品,严禁穿化纤衣服。

(3) 井下严禁使用灯泡取暖和使用电炉。

(4) 矿井必须设地面消防水池和井下消防管路系统。井下消防管路系统应每隔 100 m 设置支管和阀门。地面的消防水池必须经常保持不少于 200 m³ 的水量。

(5) 井筒、平硐与各水平的连接处及井底车场,主要绞车道与主要运输巷、回风巷的连接处,井下机电设备硐室,主要巷道内带式输送机机头前后两端各 20 m 范围内,都必须用不燃性材料支护。

(6) 井下和井口房内不得从事电焊、气焊和喷灯焊接等工作。如果必须在井下主要硐室、主要进风井巷和井口房内进行电焊、气焊和喷灯焊接等工作,每次必须制定安全措施。

电焊、气焊和喷灯焊接等工作地点的前后两端各 10 m 的井巷范围内,应用不燃性材料支护,并应有供水管路,有专人负责喷水。焊接等工作完毕后,工作地点应再次用水喷洒,并应有专人在工作地点检查 1 h,发现异状,立即处理。

(7) 井下使用的汽油、煤油和变压器油必须装入盖严的铁桶内,由专人押运送至使用地点,剩余的汽油、煤油和变压器油必须运回地面,严禁在井下存放。

(8) 井下使用的润滑油、棉纱、布头和纸等,必须存放在盖严的铁桶内。用过的棉纱、布头和纸,也必须放在盖严的铁桶内,并由专人定期送到地面处理,不得乱放乱扔。严禁将剩油、废油泼洒在井巷或硐室内。

(9) 井上、下必须设置消防材料库。井下工作人员必须熟悉灭火器材的使用方法,并熟悉本职工作区域内灭火器材的存放地点。

(10) 井下爆炸材料库、机电设备硐室、检修硐室、材料库、井底车场、使用带式输送机或液力耦合器的巷道以及采掘工作面附近的巷道中,应备有灭火器材,其数量、规格和存放地点,应在灾害预防和处理计划中确定。

四、矿井常见的灭火方法

1. 直接灭火

矿井火灾发生初期,一般火势并不大,应该尽早采取一切可能的办法进行直接灭火。假若贻误灭火良机,火势迅速蔓延就容易酿成重大火灾事故。直接灭火的方法主要有:

(1) 清除可燃物。将已经发热或者燃烧的煤炭以及其他可燃物挖出、清除。这是扑灭矿井火灾最彻底的方法。采取这种方法的前提是火区涉及范围不大、火区瓦斯不超限、人员可以直接到达发火地点。

(2) 用水灭火。水是最有效、最经济、来源最广泛的灭火材料。用水灭火必须注意的问题是:① 要有足够的水量。② 灭火人员要站在上风侧工作,以免产生过量的水蒸气伤人。③ 必须保持一个畅通的排烟通道,以防高温的水蒸气和烟流返回伤人。④ 不能用水扑灭带电的电气设备火灾,不宜用水扑灭油料火灾。⑤ 要随时检查现场瓦斯浓度,当瓦斯浓度超过2%时,要立即撤出现场。

(3) 用沙子、岩粉、灭火器灭火。沙子常用于扑灭初期的电气火灾和油类火灾。井下灭火器主要有干粉灭火器、泡沫灭火器、高倍数泡沫灭火器等。

2. 隔绝灭火

隔绝灭火又称为封闭火区。构筑防火墙(密闭)或注入惰性气体,隔绝火区空气的供给,减少火区的氧浓度,使火区因缺氧而窒熄。这种方法适用于火势猛、火区范围较大、无法直接灭火的火灾。在实施封闭火区灭火时,应遵循封闭范围尽可能小、防火墙数量尽可能少和有利于快速施工的原则。

3. 综合灭火

综合灭火就是隔绝灭火法与其他灭火法的综合应用,如在封闭火区基础上,再采取灌浆、注入惰性气体或喷阻化剂等措施。

第六节　机电运输事故及其防治

一、机电事故及其防治

由于供电系统出现故障或职工违章作业而引发的停电事故、设备烧毁事故、人身触电事故,甚至井下火灾或瓦斯爆炸等事故,统称为机电事故。矿井供电系统的安全运行,是矿井安全生产的基本保障之一。

（一）矿井安全供电

1. 矿井供电系统

由矿井地面变电所、井下中央变电所、采区变电所、工作面配电点按照一定方式相互联结起来的一个整体,称为矿井供电系统。

2. 采区供电系统

（1）采区变电所。采区变电所是采区用电的中心。其电源由井下中央变电所提供,主要任务是将高压电变为低压电,并将低压电分配到本采区所有采掘工作面及其他用电设备;同时,采区变电所还将部分高压电直接分配给本采区的移动变电站。

（2）采掘工作面的供电。向采煤、掘进工作面供电时,由于采煤工作面负荷集中而且较大,掘进工作面一般开掘巷道较长,距采区变电所较远,往往采用移动变电站的供电方式。

3. 采区电网保护

煤矿井下电网的过电流保护、漏电保护和保护接地称为煤矿井下的三大保护,是保证井下供电安全的重要措施。

（1）过电流保护。过电流是指电气设备或电缆的实际工作电流超过其额定电流值。过电流会使设备绝缘老化,降低设备的使用寿命;烧毁电气设备、引发电气火灾或引起瓦斯、煤尘爆炸。常见的过电流现象有短路、过负荷和断相。过电流保护装置包括熔断保护、继电保护和电子式综合保护。

（2）漏电保护。漏电是指电气设备或电网绝缘电阻显著下降的现象。井下常见的漏电故障分为集中性漏电和分散性漏电 2

种。集中性漏电是指电网的某一处因绝缘破损导致漏电。分散性漏电是指因淋水、潮湿导致电网中某段线路或某些设备绝缘阻值下降至危险值而形成的漏电。漏电保护装置能迅速切断故障线路的电源，保证供电安全。

（3）保护接地。保护接地是指在变压器中性点不接地系统中，将电气设备正常情况下不带电的金属外壳与大地做良好的电气连接。设置保护接地，可有效防止因设备外壳带电引起的人身触电事故。

4. 矿用电气设备

矿用电气设备分为两大类，即矿用一般型电气设备和矿用防爆型电气设备。

（1）矿用一般型电气设备。矿用一般型电气设备是专为煤矿井下条件生产的不防爆的一般型电气设备，只能用在井下没有瓦斯、煤尘爆炸危险的环境中。在矿用一般型电气设备外壳的明显处，均有清晰的永久性凸纹标志"KY"。

（2）矿用防爆型电气设备。矿用防爆型电气设备是按照国家标准《爆炸性环境 第1部分：设备 通用要求》（GB 3836.1—2010）制造的。在防爆电气设备外壳的明显处，均有清晰的永久性凸纹标志"Ex"。该标准规定防爆型电气设备分为Ⅰ类和Ⅱ类。其中，Ⅰ类为煤矿井下有瓦斯的环境使用的防爆型电气设备，Ⅱ类为其他环境使用的防爆型电气设备。

（二）触电事故及其预防

触电事故是人体触及带电体或接近高压带电体时，由于电流通过人体而造成的人身伤害事故。其主要伤害为电击和电伤。触电事故的伤害程度受电流的大小、持续时间、电流的途径、电流频率、人体健康状况等因素影响。防止触电的主要措施有以下6个方面：

（1）严格执行安全用电的各项制度，遵章守纪，非专职人员不得擅自操作电气设备。

（2）井下不得带电检修、搬迁电气设备。停电检修时，所有开关、手把在切断电源时都应闭锁,认真执行"谁停电、谁送电"的停送电制度。

（3）加强电气设备的运行、维护和检查,使设备在完好状态下工作,严禁电网中性点直接接地。

（4）防止人体触及或接近带电体。将人体可能触及的电气设备的带电部分全部封闭在外壳内,同时设置漏电保护装置。

（5）对导电部分裸露的高压电气设备无法用外壳封闭的,应设防护罩或加栅栏隔离,防止人员接近。

（6）设置保护接地装置。煤矿井下 36 V 以上的电气设备必须有良好的保护接地。在井下高、低压供电系统中,装设漏电保护装置,防止供电系统漏电造成人身触电。

（三）电气设备防爆及失爆的预防措施

由于煤矿井下存在可以爆炸的瓦斯、煤尘,电气设备运行过程中产生的火花、电弧都有引燃、引爆瓦斯、煤尘的可能,所以,电气设备防爆至关重要,它是防止井下发生瓦斯、煤尘爆炸的重要措施。因此,煤矿井下使用的电气设备必须符合《煤矿安全规程》规定的防爆要求。

1. 电气设备防爆

电气设备防爆是指电气设备具有在存在爆炸性混合物地点的使用过程中不会引起周围爆炸性混合物发生爆炸的性能。矿用防爆电气设备是指专供煤矿井下使用的防爆电气设备。煤矿井下使用的隔爆型电气设备（d）、增安型电气设备（e）、本质安全型电气设备（i）等都是防爆型电气设备。

隔爆是指当电气设备外壳内部发生爆炸时,决不会引起外壳外部的爆炸性气体发生燃烧或爆炸的性能。凡具有这种隔爆性能的电气设备称为隔爆型电气设备。

2. 电气设备失爆的预防措施

失爆是指当电气设备外壳内部发生爆炸时,引起壳外的爆炸性混合物质发生爆炸,或是从各处缝隙中喷出高温气体或火焰引起壳外爆炸性气体爆炸的性能。如果发爆器外壳出现隔爆接合面凹坑、紧固螺丝没有上紧、外壳严重变形或出现裂纹、密封圈不合格或没有密封圈等现象时,就会导致发爆器失爆而带来安全隐患。

电气设备失爆的预防措施如下:

(1) 严格按《煤矿安全规程》规定的要求选用电气设备。

(2) 井下防爆电气设备管理由电气防爆检查部门全面负责,集中统一管理。

(3) 严把入井关。入井前必须检查产品合格证、防爆合格证、入井检查合格证、煤矿矿用产品安全标志及其安全性能,检查合格并签发合格证后,方准入井。

(4) 加强检查、维护。井下防爆电气设备的运行、维护和修理,必须符合防爆性能的各项技术要求。发现失爆电气设备,必须立即处理或更换,严禁继续使用。

(四) 矿灯的安全使用

矿灯是井下工作人员个人照明的工具,每个下井人员都必须佩戴一盏完好的矿灯;否则不准下井。

1. 矿灯安全使用的注意事项

(1) 从矿灯房领取矿灯时应注意检查灯头、灯线、灯盒等零件是否完整、齐全、紧固,发现问题时,要立即更换。

(2) 不得手提灯线甩动灯头或提灯盒。

(3) 在井下不得强行打开灯头圈或灯盒盖,以免损坏闭锁和造成矿灯短路,产生火花,引起瓦斯、煤尘爆炸事故。

(4) 在井下作业中,如果矿灯突然熄灭或损坏,严禁在井下拆开、敲打和撞击;如果在井下矿灯线被扯断,决不能私自将矿灯线重新接好,以免造成短路打火,引起瓦斯爆炸。

(5) 接触爆炸材料时,矿灯盒应套上绝缘灯套,防止引爆电雷管。

(6) 升井后及时将矿灯交回矿灯房。

2. 《煤矿安全规程》有关矿灯的规定

(1) 矿井完好的矿灯总数,至少应比经常用灯的总人数多 10%。

（2）矿灯应集中统一管理。每盏矿灯必须编号，经常使用矿灯的人员必须专人专灯。

（3）矿灯应保持完好，出现电池漏液、亮度不够、电线破损、灯锁失效、灯头密封不严、灯头圈松动、玻璃破裂等情况时，严禁发放。发出的矿灯，最低应能连续正常使用 11 h。

（4）严禁使用矿灯人员拆开、敲打、撞击矿灯。人员出井后（地面领用矿灯人员，在下班后），必须立即将矿灯交还灯房。

（5）在每次换班 2 h 内，灯房人员必须把没有还灯人员的名单报告矿调度室。

（6）矿灯必须装有可靠的短路保护装置。高瓦斯矿井的矿灯使用应装有短路保护器。

二、提升运输事故及其防治

提升运输事故是指在提升运输系统中由于作业人员违章作业、设备故障、管理不善而造成的各类事故。提升运输系统是煤矿重要的生产系统之一，具有环节多、战线长、涉及作业人员多的特点。据统计，每年煤矿提升运输类事故起数占事故总量的一半以上，因此做好提升运输事故的防治工作具有重要意义。

（一）刮板输送机伤害事故及其预防

1. 刮板输送机伤害事故的类型

刮板输送机伤害事故常见的有：刮板链打伤事故，转动部分绞伤事故，机尾翘起砸伤事故，挤伤或撞伤事故，电火花导致瓦斯、煤尘爆炸事故等。

2. 刮板输送机伤害事故的预防措施

（1）操作人员必须经过培训考核合格后持证上岗，刮板输送机必须有专人维护，有维修保养制度，保证设备性能完好。

（2）启动前必须对输送机进行全面检查，检查工作环境和设备的状态。启动前先发信号，然后点动试车，待确认无问题后再正式开车。

（3）严格执行停电处理故障、停电检修制度。停电后在开关处要挂牌，并把采煤机闭锁。严禁运行中清扫刮板输送机。

（4）刮板输送机的转动、传动部位应按规定设置保护罩或保护栏杆；机尾应设保护板；需横越输送机的行人处必须设置人行过桥。

（5）不准在输送机道内行走，更不准乘坐刮板输送机。当需要运送长料时，必须制定安全措施。

（6）移动刮板输送机的液压装置必须完整可靠。移动刮板输送机时，必须有防止冒顶、片帮伤人和损坏设备的安全措施。

（7）刮板输送机两侧电缆要按规定认真吊挂，特别是在工作面移动的电缆要管理好，防止落入机槽内被刮坏或拉断而造成事故。

（二）斜巷绞车运输事故及其预防

1. 斜巷绞车运输事故的类型

该事故类型常见的有：违章放飞车造成跑车事故、各种原因的断绳跑车事故、带电维修伤害事故、违章跟车扒车事故等。

2. 斜巷绞车运输事故的预防措施

（1）斜井绞车司机要经过培训考核合格后持证上岗。严禁违章作业。

（2）绞车等设备完好，管理到位。

（3）按规定设置和使用防护装置。

（4）使用合格的连接装置和保险绳。

（5）严格执行"行人不行车，行车不行人"的规定。

（6）严禁多挂车或超载、超速运行。

（7）严禁扒车或违章跟车。

（三）人力推车伤害事故及其预防

人力推车时，作业人员应根据所运的材料和设备类型正确地选用运输车辆。木材、金属管、金属支架、钢轨等长料应选用有框架的材料车；水泥、石子等可用矿车装运；各种货载的外形尺寸应与所通过巷道断面相适应，不得超高超宽。《煤矿安全规程》对人力推车作了明确规定。

（1）1次只准推1辆车。严禁在矿车两侧推车。同向推车的间距,在轨道坡度小于或等于 5‰时,不得小于 10 m;坡度大于 5‰时,不得小于 30 m。巷道坡度大于 7‰时,严禁人力推车。

（2）推车时必须时刻注意前方。在开始推车、停车、掉道、发现前方有人或有障碍物,从坡度较大的地方向下推车以及接近道岔、弯道、巷道口、风门、硐室出口时,推车人必须及时发出警号。

（3）严禁放飞车。

（4）不得在能自动滑行的坡道上停放车辆。确需停放时,必须用可靠的制动器将车辆稳住。

（四）罐笼运行的安全规定

专为升降人员和升降人员与物料的罐笼（包括有乘人间的箕斗）应符合下列要求：

（1）乘人层顶部应设置可以打开的铁盖或铁门,两侧装设扶手。

（2）罐底必须铺满钢板,如果需要设孔时,必须设置牢固可靠的门;两侧用钢板挡严,并不得有孔。

（3）进出口必须装设罐门或罐帘,高度不得小于 1.2 m。罐门或罐帘下部边缘至罐底的距离不得超过 250 mm,罐帘横杆的间距不得大于 200 mm。罐门不得向外开,门轴必须防脱。

（4）提升矿车的罐笼内必须装有阻车器。

（5）单层罐笼和多层罐笼的最上层净高（带弹簧的主拉杆除外）不得小于 1.9 m,其他各层净高不得小于 1.8 m。带弹簧的主拉杆必须设保护套筒。

（6）罐笼内每人占有的有效面积应不小于 0.18 m²。罐笼每层内 1 次能容纳的人数应明确规定。超过规定人数时,把钩工必须制止。

第七节　爆破事故及其防治

一、爆破事故的类型

爆破作业过程中由于违反技术规范、违章作业或爆破器材管理不善而引发的事故称为爆破事故。矿井常见的爆破事故有爆破崩人事故、炮烟中毒事故、爆破引发瓦斯和煤尘爆炸事故等。在煤矿生产和建设中,爆破技术仍然普遍使用,预防爆破事故发生不能掉以轻心。

二、爆破作业的基本要求

(1) 爆破作业人员应持证上岗,要加强对爆破器材的管理,严禁穿化纤衣服人员接触爆破材料。

(2) 按适用条件使用质量合格的炸药、雷管,严禁使用非煤矿许用炸药和非煤矿许用电雷管。

(3) 在有煤尘爆炸危险的地点进行爆破时,20 m 内应进行洒水降尘。

(4) 加强警戒,严禁其他人员进入爆破地点。

(5) 严格执行操作规程,爆破作业人员必须发出警号,至少再等 5 s 才可起爆。

(6) 加强通风,及时吹散炮烟,按规程规定正确处理拒爆、残爆。

(7) 掘进贯通爆破,当距 20 m 时(综掘巷道相距 50 m 时),必须停止一掘进工作面作业,仍然保持通风,由另一掘进工作面贯通,并派专人负责警戒。

三、常见的爆破事故及其防治

(一) 爆破崩人事故的原因及预防

1. 爆破崩人事故的原因

其主要原因是:爆破母线短,未执行爆破警戒的规定,违规处理拒爆,工作人员过早进入工作面,杂散电流造成电雷管、炸药突然提前爆炸等。

2. 爆破崩人事故的预防措施

(1) 严格按照《煤矿安全规程》和作业规程的规定,爆破母线要有足够的长度。

(2) 爆破时,安全警戒必须严格执行《煤矿安全规程》的有关规定。

（3）通电以后拒爆时,若使用瞬发电雷管至少等 5 min,如使用延期电雷管至少等 15 min,方可沿线路检查,找出炮不响的原因。不能提前进入工作面,以免炮响崩人。

（4）采取相应安全措施,避免因杂散电流造成电雷管的突然爆炸崩人。

（二）炮烟中毒事故的原因及预防

1. 炮烟中毒事故的原因

造成炮烟中毒事故的原因一般是由于炸药变质、未使用水炮泥、风量不足、违规急于进入爆破地点等。

2. 炮烟中毒事故的预防措施

（1）使用合格炸药,加强炸药的保管和检验,禁止使用过期、变质的炸药。

（2）做好爆破器材的防水处理,确保装药和填塞质量,避免残爆和爆燃;装药前尽可能将炮孔内的水和岩粉吹干净,使有害气体产生减至最低程度。

（3）掘进工作面爆破后,待炮烟吹散吹净,作业人员方可进入爆破地点。

（4）井下爆破前后加强通风,风量不足或风筒口距离迎头太远时,禁止爆破。

（5）爆破前后,爆破地点附近应充分洒水,以便吸收部分有害气体和降尘。

（6）炮眼封孔时应使用水炮泥,封孔长度符合《煤矿安全规程》的要求。

（三）爆破引起瓦斯、煤尘事故的原因及预防

1. 爆破引爆瓦斯、煤尘的原因

其主要原因是:① 爆炸形成高温气体产物、二次火焰起到引爆作用。② 炮眼封泥不足或放明炮产生爆破火焰。③ 瓦斯、煤尘浓度超限等。

2. 爆破引爆瓦斯、煤尘事故的预防措施

（1）根据矿井瓦斯等级合理选用具有煤矿安全标志的煤矿许

用炸药。

（2）加强通风管理，防止瓦斯、煤尘积聚到爆炸浓度。

（3）按照《爆破操作规程》作业，严格控制装药量，禁止裸露爆破。

（4）务必保证炮眼的封泥长度，使用好水炮泥。

（5）确保"一炮三检制"和"三人连锁放炮制"的落实。采掘工作面及其作业地点风流中瓦斯浓度达到 1.0% 时，必须停止用电钻打眼；爆破地点附近 20 m 以内风流中，瓦斯浓度达到 1.0% 时，严禁装药爆破。

复习思考题

一、单选题

1. 煤矿尘肺病按吸入（　　）不同，可分为硅肺病、煤硅肺病、煤肺病 3 类。

A. 矿尘的成分　　　　　　　　B. 矿尘的粒度

C. 矿尘的结构　　　　　　　　D. 矿尘的分散度

2. 采煤工作面开采结束后，必须在（　　）d 内进行永久性封闭。

A. 30　　　　　　B. 40　　　　　　C. 45　　　　　　D. 50

3. 空气中（　　）μm 以下的矿尘是引起尘肺病的有害部分。

A. 3　　　　　　B. 4　　　　　　C. 5　　　　　　D. 6

4. 煤矿井下（　　）V 以上的电气设备必须有良好的保护接地。

A. 24　　　　　　B. 36　　　　　　C. 127　　　　　　D. 220

5. 由于同时吸入煤尘和含游离 SiO_2 的岩尘所引起的尘肺病称为（　　）。

A. 硅肺病　　　　B. 煤硅肺病　　　　C. 煤肺病　　　　D. 矽肺病

6. 巷道坡度大于（　　）% 时，严禁人力推车。

A. 1　　　　　　B. 3　　　　　　C. 5　　　　　　D. 7

7. 在爆破地点附近 20 m 以内风流中瓦斯浓度达到（　　）% 时，严禁爆破。

A. 0.5　　　　　　B. 0.75　　　　　　C. 1.0　　　　　　D. 1.5

8. 由于吸入含游离 SiO_2 含量较高的岩尘而引起的尘肺病称为（　　）。

A. 硅肺病　　　　B. 煤硅肺病　　　　C. 煤肺病　　　　D. 矽肺病

9. 矿井完好的矿灯总数，至少应比经常用灯的总人数多（　　）%。

A. 5　　　　　　B. 10　　　　　　C. 15　　　　　　D. 20

10. 在爆炸性煤尘与空气的混合物中,氧气浓度低于(　　)%时,煤尘不会发生爆炸。

  A. 10　　　　　　　B. 12　　　　　　　C. 15　　　　　　　D. 18

二、多选题

1. 《煤矿重大安全生产隐患认定办法(试行)》中规定,瓦斯超限作业是指(　　)。

  A. 瓦斯检查员配备数量不足的

  B. 不按规定检查瓦斯,存在漏检、假检的

  C. 井下瓦斯超限后不采取措施继续作业的

  D. 没有预抽瓦斯的

2. 造成矿井水害事故的原因有(　　)等。

  A. 水文地质条件没有探明　　　　　　B. 防治水措施不力

  C. 违规冒险作业　　　　　　　　　　D. 违规开采防水煤柱

3. 瓦斯空气混合气体中混入(　　)会增加瓦斯的爆炸性,降低瓦斯爆炸的浓度下限。

  A. 可爆性煤尘　　　　　　　　　　　B. 一氧化碳气体

  C. 硫化氢气体　　　　　　　　　　　D. 二氧化碳气体

4. 根据《煤矿瓦斯等级鉴定暂行办法》规定,矿井瓦斯等级划分为(　　)。

  A. 低瓦斯矿井　　　　　　　　　　　B. 瓦斯矿井

  C. 高瓦斯矿井　　　　　　　　　　　D. 煤与瓦斯突出矿井

5. 矿井瓦斯等级是根据(　　)等所划分的矿井瓦斯危险程度等级。

  A. 实际测定的瓦斯涌出量　　　　　　B. 瓦斯涌出形式

  C. 实际发生的瓦斯动力现象　　　　　D. 实测的突出危险性参数

6. 我国煤矿瓦斯治理的十二字方针是(　　)。

  A. 先抽后采　　　　　　　　　　　　B. 监测监控

  C. 以风定产　　　　　　　　　　　　D. 管理到位

7. 矿井瓦斯爆炸的条件是(　　)。

  A. 混合气体中瓦斯浓度范围 5%～16%

  B. 混合气体中氧气浓度大于 12%

  C. 高温点火源 650～750 ℃　　　　D. 惰性气体混入

8. 瓦斯爆炸的预防措施是(　　)。

  A. 抽采瓦斯　　　　　　　　　　　　B. 防止瓦斯积聚

  C. 防止瓦斯引爆　　　　　　　　　　D. 防止瓦斯事故扩大

9. 矿井防治水工作应当坚持(　　)的十六字原则。

A. 预测预报　　　　　B. 有疑必探　　　　C. 先探后掘

D. 效果达标　　　　　E. 先治后采

10. 采掘工作面或其他地点的突水征兆主要有(　　)。

A. 煤层变湿、挂红、挂汗、空气变冷,出现雾气

B. 水叫、顶板来压、片帮、淋水加大

C. 底板鼓起或产生裂隙,出现渗水、钻孔喷水、底板涌水、煤壁溃水

D. 水色发浑、有臭味

三、判断题

1. 瓦斯积聚是指局部空间的瓦斯浓度达到 3%,其体积超过 1.0 m³ 的现象。(　　)

2. 瓦斯的最小点燃能量为 0.28 mJ。(　　)

3. 发生火灾时,可以用水扑灭电气设备火灾和油料火灾。(　　)

4. 尘肺病是我国发病最多、危害最严重的一种职业病。(　　)

5. 触电事故的伤害程度受电流的大小、持续时间、电流的途径、电流频率、人体健康状况等因素影响。(　　)

6. 井下防爆电气设备的运行、维护和修理,必须符合防爆性能的各项技术要求。(　　)

7. 瓦斯爆炸造成人员大量伤亡的主要原因是一氧化碳中毒。(　　)

8. 使用矿灯人员严禁拆开、敲打、撞击矿灯。人员出井后矿灯要立即交还灯房。(　　)

9. 对因瓦斯浓度超过规定被切断电源的电气设备,必须在瓦斯浓度降到 0.50% 以下时,方可通电开动。(　　)

10. "防、堵、疏、排、截"五项综合治理措施是矿井水害治理的基本技术方法。(　　)

第五章　煤与瓦斯突出的基础知识

第一节　煤与瓦斯突出及其基本规律

一、煤与瓦斯突出基础知识

1. 煤与瓦斯突出

煤与瓦斯突出是指在地应力和瓦斯的共同作用下,破碎的煤、岩和瓦斯由煤体或岩体内突然向采掘空间抛出的异常的动力现象。它是煤与瓦斯突出、煤的突然倾出、煤的突然压出、岩石与瓦斯突出的总称。

2. 突出煤层

突出煤层是指在矿井范围内发生过突出的或经鉴定有突出危险的煤层。

煤矿发生生产安全事故,经事故调查认定为突出事故的,发生事故的煤层即为突出煤层。

矿井有下列情况之一的必须立即进行突出煤层鉴定,鉴定未完成前按照突出煤层管理:

(1) 煤层有瓦斯动力现象的。

(2) 相邻矿井开采的同一煤层发生突出的。

(3) 突出矿井开采的非突出煤层以及有突出煤层的煤田内高瓦斯矿井的开采煤层,在矿井延深和开拓新采区(盘区)的过程中测定的煤层瓦斯压力达到或者超过 0.74 MPa 的。

3. 煤与瓦斯突出危害性

我国是世界上煤与瓦斯突出现象最为严重、危害性最大的国家之一。煤与瓦斯突出有 6 个方面的危害:

(1) 突出的煤(岩)碎块掩埋人员和设备。突出发生时,喷出的煤(岩)碎块被抛出数十米甚至数千米,数量由数千吨到数万吨,有的可能堵塞满巷道断面,造成人员掩埋致死,生产设备、设施被埋,给矿井造成人员伤亡、财产损失,迫使矿井生产中断。

(2)突出时产生的巨大动力效应,可能摧毁巷道支架导致冒顶事故的发生,摧毁矿车、生产设备,造成矿井生产局面混乱。

(3)突出产生的高浓度瓦斯和二氧化碳气体由数百立方米到数百万立方米,能使井巷充满,造成井下人员因氧气浓度下降而发生窒息死亡。

(4)突出产生的高浓度瓦斯经风流稀释后达到爆炸界限时,遇到火源就会发生瓦斯爆炸事故,影响更为严重。

(5)突出强度较大时,煤与瓦斯突出所产生的含煤粉或岩粉的高速瓦斯流能够造成风流逆转现象,危险性更大。

(6)突出发生后,破坏矿井通风设施,造成矿井通风系统紊乱,使灾害进一步扩大。

4. 煤与瓦斯突出分类

(1)煤与瓦斯突出按动力现象力学特征分类。① 煤(岩)与瓦斯(二氧化碳)突出。煤(岩)与瓦斯(二氧化碳)突出简称突出。诱发突出的主要因素是地应力和瓦斯压力的联合作用,通常以地应力作用为主、瓦斯压力作用为辅。其突出的基本特征有:突出的煤向外抛出的距离较远,具有分选现象;抛出煤的堆积角小于自然安息角;抛出煤的破碎程度较高,含有大量碎煤和一定数量的手捻无粒感的煤粉;有明显的动力效应,如破坏支架,推倒矿车,损坏或移动安装在巷道内的设施等;有大量的瓦斯涌出,瓦斯涌出量远远超过突出煤的瓦斯含量,有时会使风流逆转;突出孔洞呈口小腔大的梨形、舌形、倒瓶形、分岔形或其他形状。② 煤的突然压出。煤的突然压出并涌出大量瓦斯简称压出。诱发与实现煤的压出主要因素是受采动影响所产生的地应力,瓦斯压力与煤的重力是次要的因素。压出的基本特征:压出有煤的整体位移和煤有一定距离的抛出两种形式,但位移和抛出的距离都较小;压出后,在煤层与顶板之间的裂隙中常留有细煤粉,整体位移的煤体上有大量裂隙;压出的煤呈块状,无分选现象。巷道瓦斯涌出量增大,抛出煤的吨煤瓦斯涌出量大于 30 m^3/t;压出可能无孔洞或呈口大腔小的楔形、半圆形孔洞。③ 煤的突然倾出。煤突然倾出并涌出大量瓦斯简称倾出,诱发倾出的主要因素是地应力,即结构松软、饱含瓦斯、内聚力小的煤,在较高的地应力作用下突然破坏,失去平衡,为其位能的释放创造了条件。实现突然倾出的主要力是失稳煤体的自身重力,瓦斯在一定程度上也参与了倾出过程,在急倾斜煤层中较为多见。倾出具有的特征:倾出的煤按自然安息角堆积、无分选现象,倾出的孔洞多为口大腔小,孔洞轴线沿煤层倾斜或铅垂(厚煤层)方向发展;无明显动力效应;常发生在煤质松软的急倾斜煤层中;巷道瓦斯涌出量明显增加,抛出煤的吨煤瓦斯涌出量大于 30 m^3/t。④ 岩石与瓦斯突出。岩石与瓦斯突出是在地应力和外界动力作用下,岩层瞬间被破坏向巷道空间抛出,同时涌出大量瓦斯的现象,基本特征是:在炸药直接作用范围外,发生破碎岩石被抛出现象;抛出的岩石中,含有大量的砂粒和粉尘;产生明显动力效应;巷道二氧化碳(瓦斯)涌出量明显增大;在岩体中形成孔洞;有突出危险的岩层松软,呈片状、碎屑状,其岩芯呈凹凸片状,并具有较大的孔隙率和二氧化碳(瓦斯)含量。

(2) 煤与瓦斯突出按照突出强度分类。煤与瓦斯突出强度是指每次煤与瓦斯突出抛出的煤(岩)数量和瓦斯量。由于煤与瓦斯突出发生过程中瓦斯量难以准确计量,一般以突出的煤(岩)量作为分类依据。按照突出强度可将煤与瓦斯突出分为小型突出、中型突出、次大型突出、大型突出、特大型突出 5 类。① 小型突出:突出煤(岩)量小于 50 t。② 中型突出:突出煤(岩)量在 50(含 50)～100 t。③ 次大型突出:突出煤(岩)量在 100(含 100)～500 t。④ 大型突出:突出煤(岩)量在 500(含 500)～1 000 t。⑤ 特大型突出:突出煤(岩)量大于或等于 1 000 t。

二、煤与瓦斯突出基本规律

大量煤与瓦斯突出资料的统计分析表明,煤与瓦斯突出具有一定的规律性。了解这些规律,对于制定防治煤与瓦斯突出的措施,有一定的参考价值。

1. 煤与瓦斯突出危险程度随开采深度的增加而增大

生产实践表明,始突深度以下煤与瓦斯突出频率与开采深度呈正相关关系,随着开采深度的增加,煤与瓦斯突出危险程度相应增加。

2. 呈明显的分区分带性

煤与瓦斯突出大都发生在地质构造带内,特别是压扭性构造断裂带、向斜轴部、背斜倾伏端、扭转构造、帚状构造收敛部位、层滑构造带、煤层光滑面、煤层倾角突变地带和煤层厚度突变地带等。

例如,重庆天府矿区 3 次特大型突出都发生在地质构造地带;重庆南桐矿区地质构造与煤与瓦斯突出分布具有集中控制和局部控制的内在规律。据辽宁北票矿区统计,90%以上的突出发生在地质构造区和岩浆岩侵入区。

重庆南桐矿区构造应力场及突出点分布,如图 5-1 所示。

3. 煤与瓦斯突出受巷道布置和开采集中应力的影响

在巷道密集布置区、采场周边的支承压力区、邻近层应力集中区域等处进行采掘作业,容易发生煤与瓦斯突出。

4. 煤与瓦斯突出主要发生在巷道掘进过程中

平巷掘进发生的煤与瓦斯突出次数最多,上山掘进在重力作用下发生煤与瓦斯突出的概率最高,石门揭煤发生煤与瓦斯突出的强度和危害性最大。煤与瓦斯突出次数和强度,随煤层厚度、特别是软分层厚度的增加而增加。煤层倾角越大,煤与瓦斯突出的危险性越大。

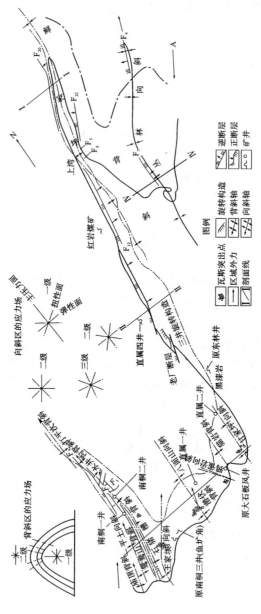

图 5-1　重庆南桐矿区构造应力场及突出点分布

5. 煤与瓦斯突出煤层具有较高的瓦斯压力和瓦斯含量

煤与瓦斯突出煤层的瓦斯压力大于 0.74 MPa,瓦斯含量大于 8 m^3/t。据统计,我国有些突出矿井的煤层瓦斯含量高达 20 m^3/t 及其以上。

6. 煤与瓦斯突出煤层强度低,软硬相间

煤与瓦斯突出煤层的特点是强度低,而且软硬相间,透气性系数小,瓦斯的放散速度高,煤的原生结构遭到破坏,层理紊乱,无明显节理,光泽暗淡,易粉碎。如果煤层顶板坚硬致密,煤与瓦斯突出危险性增大。

煤的构造结构如图 5-2 所示。

煤的外观	类型	构造结构	
	I	未破坏煤(层状弱裂隙状)	
	II	角砾状	潜在的突出危险结构
	III	透镜状	
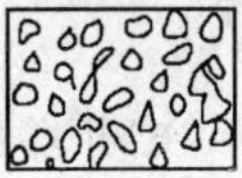	IV	土粒状	
	V	土状	

图 5-2 煤的构造结构

煤与瓦斯突出煤显微镜照片如图 5-3 所示。

7. 大多数煤与瓦斯突出发生在爆破和破煤工序

在重庆地区统计的 132 次煤与瓦斯突出事故中,发生在爆破

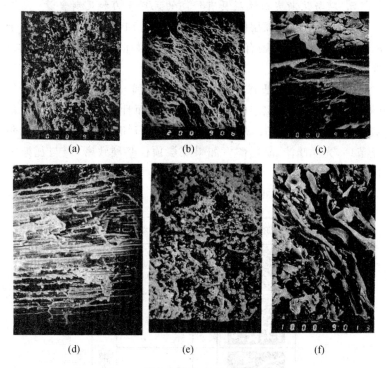

图 5-3　煤与瓦斯突出煤显微镜照片
(a) 粒状结构；(b) 网状结构；(c) 片状结构；(d) 定向排列结构；
(e) 鳞片状结构；(f) 压扭性结构

和破煤工序中的有 124 次，占 95%；有些矿井爆破后没有立即发生突出，而是在延迟一定时间发生的突出，其危害性更大。

8. 煤与瓦斯突出前常有预兆发生

(1) 有声预兆。煤体发生闷雷声、爆竹声、机枪声、嗡嗡声，打钻喷孔及出现哨叫声、蜂鸣声等异常声响。这些由煤体内部发出的声响统称为响煤炮。

(2) 无声预兆。工作面瓦斯异常、瓦斯浓度忽大忽小等。统计表明，许多大强度煤与瓦斯突出前，常常有瓦斯浓度忽大忽小预兆。

（3）煤体结构预兆。煤体出现层理紊乱、煤体干燥、煤体松软、色泽变暗而无光泽、煤层产状急剧变化、煤层波状隆起以及层理逆转等。

（4）矿压显现预兆。支架来压、煤壁开裂、掉渣、片帮、工作面煤壁外鼓、巷道底鼓、钻孔顶夹钻、钻孔严重变形、垮孔及炮眼装不进炸药等。

（5）其他预兆。一些煤与瓦斯突出发生前，会出现工作面温度降低、煤壁发凉、特殊气味等预兆。

9. 其他因素诱发煤与瓦斯突出

在煤与瓦斯突出危险区域内，回拆巷道支架和工作面支架时容易诱发煤与瓦斯突出，清理煤与瓦斯突出孔洞及回拆支架也会导致再次发生煤与瓦斯突出。

三、煤与瓦斯突出发生地点分析

我国煤与瓦斯突出发生地点统计数据如表 5-1 所示。

表 5-1   我国煤与瓦斯突出发生地点统计数据

巷道类别	突出次数	比例/%	最大强度/t	平均强度/t·次$^{-1}$
石门	567	5.8	12 780	317.1
煤平巷	4 652	47.3	5 000	55.6
煤上山	2 455	24.9	1 267	50.0
煤下山	375	3.8	369	86.3
采煤工作面	1 556	15.8	900	35.9
大直径钻孔及其他	240	2.4	420	31.5
合计	9 845	100	—	—

四、煤与瓦斯突出机理

煤与瓦斯突出机理是指煤与瓦斯突出的原因、条件及其发生、发展过程。目前，煤与瓦斯突出机理归纳起来有 4 大类假说。

1. 瓦斯为主导作用假说

瓦斯为主导作用假说普遍认为煤与瓦斯突出的主要动力来源于高压瓦斯，当采掘工作接近或沟通存储有大量高压瓦斯的区域或地点时,高压瓦斯突然喷出造成的。主要包括瓦斯包假说、粉煤带假说、煤透气性不均匀假说、突出波假说、裂缝堵塞假说、闭合孔隙瓦斯释放假说、瓦斯膨胀应力假说、火山瓦斯假说、瓦斯解析假说、瓦斯水化物假说、瓦斯—煤固溶体假说。

2. 地压为主导作用假说

地压为主导作用假说认为煤与瓦斯突出是地压作用的结果。地压包括岩石静压力、地质构造应力和采掘过程中形成的集中应力等。在地压作用下,煤层处于弹性状态,积蓄着很大的弹性潜能,当采掘工作接近或进入这些区域或地点时,弹性潜能突然释放,使煤体破碎、抛出而发生突出。主要包括岩石变形潜能假说、应力集中假说、剪应力假说、振动波动假说、冲击式移近假说、顶板位移不均匀假说、应力叠加假说。

3. 化学本质假说

化学本质假说认为瓦斯突出时煤层中不断进行地球化学过程—煤层氧化—还原过程。该过程由于活性氧及放射性物质的存在而加剧,生成一些活性中间物,导致瓦斯高速形成。中间产物和煤中有机物质的相互作用,使煤分子遭到破坏。当采掘工作接近或进入这些区域或地点时,煤体被破坏而发生突出。主要包括"爆炸的煤"假说、重煤假说、地球化学假说、硝基化学物假说。

4. 综合假说

综合假说认为煤与瓦斯突出是地压、瓦斯、重力和煤的物理性质综合作用的结果。主要包括能量假说、应力分布不均匀假说、分层分离假说、破坏区假说。

第二节　影响煤与瓦斯突出的地质条件

一、影响瓦斯赋存的地质条件

1. 煤的变质程度

煤的吸附性能取决于煤化程度,煤的煤化程度越高,存储瓦斯的能力越强。在瓦斯排放条件相同的情况下,煤的变质程度越高,煤层瓦斯含量越大。

2. 煤层的吸附特征

煤层的煤化程度越高,存储瓦斯的能力越强,在其他条件相同时,煤层的变质程度越高,煤层的瓦斯含量越大。

3. 煤层围岩透气性

煤层围岩是指煤层直接顶、基本顶和直接底等在内的一定厚度范围的层段。煤层围岩对瓦斯赋存的影响,取决于它的隔气、透气性能。当煤层顶板为致密完整的岩石,煤层中的瓦斯容易被保存下来;当煤层顶板为多孔隙或脆性裂隙发育的岩石,煤层中的瓦斯容易逸散。与围岩的隔气、透气性能有关的指标是孔隙性、渗透性和孔隙结构。

4. 地质构造

地质构造是影响煤层瓦斯含量的最重要因素之一。在围岩属低透气性的条件下,封闭型地质构造有利于瓦斯的存储,而开放型地质构造有利于排放瓦斯。同一矿区不同地点瓦斯含量的差别,往往是地质构造因素造成的结果。闭合的和倾伏的背斜或穹窿,通常是理想的储存瓦斯构造。

5. 地下水活动

虽然瓦斯在水中的溶解度很小,如果煤层中有较大的含水裂隙或流通的地下水通过时,经过漫长的地质年代,也能从煤层中带走大量瓦斯,降低煤层的瓦斯含量。地下水还会溶蚀并带走围岩中的可溶性物质,增加煤系地层的透气性,有利于煤层瓦斯的流失。

6. 岩浆活动

岩浆活动对煤层瓦斯赋存的影响相当复杂。在岩浆接触变质和热力变质的影响下,煤能够第二次生成瓦斯;由于受岩浆影响区域煤的变质程度提高,增大了煤的瓦斯吸附能力,使岩浆影响区域煤层瓦斯含量增大。但是,如果岩浆活动导致煤层围岩破坏,岩浆的高温作用可以强化煤层瓦斯排放,降低煤层瓦斯含量。

二、影响煤与瓦斯突出的地质条件

煤与瓦斯突出是在地应力、包含在煤层中瓦斯及煤的结构力学性质综合作用下产生的。影响煤与瓦斯突出的地质因素有:

1. 突出煤系和突出煤层的基本特性

突出危险煤层和非突出煤层在煤质、赋存条件及瓦斯特征等方面存在明显的差异,这些差异是煤层突出危险性评价的依据。突出危险煤层具有 7 个方面的特征:

(1) 突出危险煤层一般具有较高的变质程度。我国多数严重突出矿井变质程度较高,而且在一定范围内突出危险程度和突出强度随着煤层变质程度的增高而增大。但不是所有高变质煤层都会发生煤与瓦斯突出,低变质煤层也有发生突出的可能。

(2) 突出危险煤层一般具有较高的瓦斯压力和瓦斯含量。

(3) 突出危险煤层的透气性一般较低,顶板、底板为封闭型,顶板多为泥岩或砂质泥岩。煤层的低透气性为煤与瓦斯突出提供了必要的瓦斯内能条件。

(4) 突出危险煤层的结构破坏类型较高、强度低。一般情况下,突出煤层的破坏类型为Ⅲ、Ⅳ、Ⅴ类,突出危险煤层的坚固性系数值较小。煤层强度是发生煤与瓦斯突出的阻力因素。

(5) 突出危险煤层的瓦斯放散初速度较大。瓦斯放散初速度是煤的重要的气动力特征之一,能够较好地反映煤层的突出危险性。

(6) 突出危险煤层煤的比表面积较大。比表面积大的煤层可吸附的瓦斯量就大;在相同埋藏深度下,煤层中储存的瓦斯量大,煤层突出潜能就大。

(7) 突出危险煤层具有明显区别于非突出煤层的孔隙结构特征。煤样的总孔隙容积和滞后量越大,突出危险性就越大。

2. 煤层瓦斯含量

根据中国煤炭科工集团沈阳研究院对全国煤与瓦斯突出矿井始突深度测定和计算,突出煤层瓦斯含量在 8 m^3/t 以上。建议将瓦斯含量 8 m^3/t 作为发生煤与瓦斯突出最低临界值,实测数据低于临界值的,认定为无突出危险;达到临界值的,应进一步验证其突出危险性。

3. 瓦斯压力

瓦斯压力是发生煤与瓦斯突出的基本因素之一，一般突出煤层的瓦斯压力都大于 0.74 MPa。突出煤层鉴定的单项指标临界值有 4 个指标，分别是破坏类型、瓦斯放散初速度、坚固性系数、瓦斯压力。只有瓦斯压力一项指标超过 0.74 MPa，还不能划分为突出煤层。现场实测瓦斯压力小于 0.74 MPa，可以划分为无突出危险；瓦斯压力大于 0.74 MPa，需要结合其他指标进一步验证其突出危险性。

4. 地应力

煤与瓦斯突出是在地应力、包含在煤中的瓦斯及煤结构力学性质综合作用下产生的动力现象。具有较高的地应力是发生煤与瓦斯突出的第一个必要条件。地应力是存在于地壳中的未受工程扰动的天然应力，包括地层静压力、地质构造应力和矿山压力。

地层静压力是指地下深部原岩承受着上覆岩层自重引起的应力；地质构造应力是地壳构造运动在岩体中形成的应力；矿山压力是指由于地下采掘作业活动而引起岩层作用于井巷、硐室和采掘工作面周围煤岩体中以及支护物上各种力的总称。

5. 煤体结构

突出煤层的特点是强度低，软硬相间，透气性系数小，瓦斯的放散速度高，煤的原生结构遭到破坏，层理紊乱，无明显节理，光泽暗淡，易粉碎。如果煤层的顶板坚硬致密，那么突出危险性增大。当煤体结构出现层理紊乱、煤体干燥、煤体松软、色泽变暗而无光泽、煤层产状急剧变化、煤层波状隆起以及层理逆转等现象时，就有发生煤与瓦斯突出的可能。

6. 地质构造类型

煤与瓦斯突出大都发生在地质构造带内，特别是压扭性构造断裂带、向斜轴部、背斜倾伏端、扭转构造、帚状构造收敛部位、层滑构造带、煤层光滑面、煤层倾角突变地带和煤层厚度突变地带等处。常见的地质构造类型有：

（1）褶皱,是指层状岩石在地质作用下形成没有断裂的弯曲形态,包括背斜和向斜两种形式。

（2）劈理,是指岩石受力后,具有沿着一定方向劈开成平行或大致平行的密集的薄层或薄板的一种构造。包括流劈理、破劈理、滑劈理3种形式。

（3）断层,是指岩层或岩体在构造运动影响下发生破裂,若破裂面两侧岩体沿破裂面发生了明显的相对位移的构造。按断层面产状与岩层产状的关系分为走向断层、倾向断层和斜向断层;按断层两盘相对运动的关系分为正断层、逆断层、平移断层。

复习思考题

一、单选题

1. 煤与瓦斯突出是指在地应力和瓦斯的共同作用下,破碎的煤、岩和瓦斯由煤体或岩体内突然向采掘空间抛出的异常的（　　）现象。
　　A. 动力　　　　　　B. 压力　　　　　　C. 喷出　　　　　　D. 突出

2. 我国多数严重突出矿井的煤层变质程度较高,而且在一定范围内突出危险程度和突出强度随着煤层变质程度的增高而（　　）。
　　A. 减小　　　　　　B. 增大　　　　　　C. 不变　　　　　　D. 呈指数增加

3. 煤与瓦斯突出是在（　　）、包含在煤层中瓦斯及煤的结构力学性质综合作用下产生的。
　　A. 地应力　　　　B. 地质构造　　　C. 瓦斯含量　　　D. 瓦斯压力

4. 突出危险煤层和非突出在煤质、赋存条件及瓦斯特征等方面存在明显的差异,突出危险煤层具有（　　）个方面的特征。
　　A. 6　　　　　　　B. 7　　　　　　　C. 8　　　　　　　D. 9

5. 煤层中有较大的含水裂隙或流通的地下水通过时,经过漫长的地质年代,也能从煤层中带走大量瓦斯,降低煤层的（　　）。
　　A. 瓦斯压力　　　B. 瓦斯含量　　　C. 瓦斯涌出　　　D. 瓦斯浓度

6. 闭合的和倾伏的背斜或穹窿,通常是理想的（　　）瓦斯构造。
　　A. 储存　　　　　B. 排放　　　　　C. 积聚　　　　　　D. 排泄

7. 煤与瓦斯突出次数和强度,随煤层厚度,特别是软分层厚度的增加而（　　）。
　　A. 增加　　　　　B. 减少　　　　　C. 不变　　　　　　D. 呈指数增加

8. 始突深度以下煤与瓦斯突出频率与开采深度呈（　　）关系，随着开采深度的增加，煤与瓦斯突出危险程度相应增加。

A. 正相关　　　　B. 负相关　　　　C. 不相关　　　　D. 指数增加

9. 在煤与瓦斯突出危险区域内，回拆巷道支架和工作面支架时容易诱发（　　）。

A. 煤与瓦斯突出　B. 瓦斯超限　　　C. 瓦斯涌出　　　D. 瓦斯喷出

二、多选题

1. 煤与瓦斯突出是一种瓦斯特殊涌出的类型，是（　　）的总称。

A. 煤与瓦斯突出　　　　　　　　B. 煤的突然倾出

C. 煤的突然压出　　　　　　　　D. 岩石与瓦斯突出

2. 突出孔洞呈口小腔大的（　　）或其他形状。

A. 梨形　　　　B. 舌形　　　　C. 倒瓶形　　　　D. 分岔形

3. 按照突出强度可以将煤与瓦斯突出强度分为（　　）5类。

A. 小型突出　　　　　　B. 中型突出　　　　　　C. 次大型突出

D. 大型突出　　　　　　E. 特大型突出　　　　　　F. 微型突出

4. 煤与瓦斯突出前的声响预兆有煤体发生的（　　）。

A. 闷雷声　　　B. 爆竹声　　　C. 机枪声　　　D. 嗡嗡声

5. 综合假说认为煤与瓦斯突出是（　　）综合作用的结果。

A. 地压　　　　B. 瓦斯　　　　C. 重力　　　　D. 煤的物理性质

6. 突出危险煤层和非突出危险煤层在（　　）等方面存在明显的差异，这些差异是煤层突出危险性评价的依据。

A. 煤质　　　　B. 赋存条件　　C. 瓦斯特征　　D. 地质水文条件

7. 突出煤层鉴定的单项指标临界值有（　　）4个指标。

A. 破坏类型　　　　　　　　B. 瓦斯放散初速度

C. 坚固性系数　　　　　　　D. 瓦斯压力　　　　E. 瓦斯含量

8. 与围岩的隔气、透气性能有关的指标是（　　）。

A. 孔隙性　　　B. 渗透性　　　C. 孔隙结构　　　D. 渗透率

9. 当煤体结构出现（　　）、煤层产状急剧变化、煤层波状隆起以及层理逆转等，就有发生煤与瓦斯突出的可能。

A. 层理紊乱　　　　　　　　B. 煤体干燥

C. 煤体松软　　　　　　　　D. 色泽变暗而无光泽

10. 地压为主导作用假说中的地压包括（　　）等。

A. 岩石静压力　　　　　　　B. 地质构造应力

C. 采掘过程中形成的集中应力　D. 原岩应力

三、判断题

1. 突出煤层是指在矿井范围内发生过突出的和经鉴定有突出危险的煤层。（　　）

2. 我国是世界上煤与瓦斯突出现象最严重、危害性最大的国家之一。（　　）

3. 煤与瓦斯突出产生的高浓度瓦斯经风流稀释后达到爆炸界限时,遇到火源就会发生瓦斯煤尘爆炸事故,影响更加严重。（　　）

4. 进行煤与瓦斯突出强度预测,是制定防突技术措施时采取区别对待的依据。（　　）

5. 煤与瓦斯突出煤层的瓦斯压力大于 0.70 MPa,瓦斯含量大于 6 m^3/t。（　　）

6. 煤与瓦斯突出机理是指煤与瓦斯突出的原因、条件及其发生、发展过程。（　　）

7. 在瓦斯排放条件相同的情况下,煤的变质程度越低,煤层瓦斯含量越大。（　　）

8. 煤与瓦斯突出危险煤层的结构破坏类型较低、强度高。（　　）

第六章　煤与瓦斯突出危险性预测

第一节　煤与瓦斯突出危险性预测

一、煤与瓦斯突出危险性预测

1. 煤与瓦斯突出危险性预测

煤与瓦斯突出危险性预测实质上是利用煤与瓦斯突出的前期已经获取的技术参数对后期预报对象进行分类预测,以便为煤与瓦斯突出矿井设计和采掘作业安全技术措施的制定提供科学依据。

1 个煤田、1 个矿区、1 个井田、井田内各煤层、各煤层区域以及突出危险煤层工作面有无突出危险,必须通过对其进行突出危险性预测予以确定,以保证采掘过程中作业安全。

煤与瓦斯突出危险性预测按预测时间不同,分为勘探时期的煤与瓦斯突出危险性预测和生产矿井煤与瓦斯突出危险性预测;按预测范围不同,分为区域突出危险性预测和工作面突出危险性预测。

2. 煤与瓦斯突出危险性预测的目的和意义

(1) 为煤与瓦斯突出矿井设计提供科学的依据。

(2) 有利于矿井煤与瓦斯突出防治的分级管理和煤与瓦斯突出矿井生产能力的正常发挥。

(3) 有利于矿区瓦斯抽采利用的整体规划。

(4) 有利于提高防突措施的针对性,在确保安全生产的前提下,降低人、财、物消耗,提高煤与瓦斯突出矿井的经济效益。

3. 煤与瓦斯突出危险性技术管理原则

煤与瓦斯突出危险性技术管理原则是以区域综合防突措施为主,局部综合防突措施为辅,区域综合防突措施先行,局部综合防突措施作为补充。

4.煤与瓦斯突出危险性预测规定

《防治煤与瓦斯突出规定》要求,突出矿井应对突出煤层进行区域突出危险性预测。区域预测分为新水平、新采区开拓前的区域预测和新采区开拓完成后的区域预测两个阶段。经区域预测后,突出煤层划分为突出危险区和无突出危险区;未进行区域预测的区域视为突出危险区。

《防治煤与瓦斯突出规定》要求,工作面突出危险性预测是预测工作面煤体的突出危险性,包括石门和立井、斜井揭煤工作面、煤巷掘进工作面和采煤工作面的突出危险性预测等。工作面预测应在工作面推进过程中进行。采掘工作面经工作面预测后划分为突出危险工作面和无突出危险工作面。未进行工作面预测的采掘工作面,应视为突出危险工作面。

二、煤与瓦斯突出危险性预测要求

对于各类工作面,除《防治煤与瓦斯突出规定》载明应该或可以采用的工作面预测方法外,其他新方法的研究试验应当由具有突出危险性鉴定资质的单位进行;在试验前,应当由煤矿企业技术负责人批准。

应针对各煤层发生煤与瓦斯突出的特点和条件试验确定工作面预测的敏感指标和临界值,并作为判定工作面突出危险性的主要依据。试验应由具有突出危险性鉴定资质的单位进行,在试验前和应用前应当由煤矿企业技术负责人批准。

第二节　区域突出危险性预测

一、区域预测

煤与瓦斯突出危险性区域预测是指对矿井各煤层和煤层的某一区域(开采水平、一翼、采或工作面)的突出危险性预测,一般在新井建设、新水平、新采区开拓前和新采区开拓完成后(含采煤工作面设计前)进行。

1. 区域预测的目的和意义

通过对矿井各煤层和煤层的区域(开采水平、一翼、采区或工作面)突出危险性预测,将煤层或煤层区域划分为突出煤层和无突出危险煤层。通过区域预测,达到有针对性地采取防治突出措施目的,使矿井生产能力得到应有发挥。

2. 区域预测的依据

区域预测的依据主要为本矿井(煤层)或邻近矿井(煤层)的瓦斯地质条件及其参数。

3. 区域预测 3 个层次

区域预测可分为矿井、煤层和煤层区域煤与瓦斯突出危险性预测 3 个层次。

(1)矿井煤与瓦斯突出危险性预测。矿井煤与瓦斯突出危险性预测,一般应在矿井初步设计以前进行,也可以在矿井建设过程中进行。经突出危险性预测后,可将矿井划分为突出矿井和非突出矿井。

(2)煤层煤与瓦斯突出危险性预测。煤层煤与瓦斯突出危险性预测是在矿井煤与瓦斯突出危险性预测的基础上,并确定了矿井为煤与瓦斯突出矿井之后,对井田范围内所有煤层进行的突出危险性预测。经预测后将煤层划分为突出煤层和无突出危险煤层。

(3)煤层区域煤与瓦斯突出危险性预测。煤层区域煤与瓦斯突出危险性预测是在井田内通过对煤层煤与瓦斯突出危险性预测,并确定了煤层为煤与瓦斯突出煤层之后,对所有突出煤层进行的突出危险性预测。经预测后将突出煤层划分为突出危险区和无突出危险区。

4. 区域性预测的基本要求

(1)在突出危险区域内,工作面进行采掘前,应进行工作面预测。

(2)在无突出危险区域内,采掘工作面每推进 10~50 m,应用工作面预测方法连续进行不少于 2 次区域预测验证,其中任何一次验证有突出危险时,该区域应改划为突出危险区。只有连续两次验证均无突出危险时,该区域仍定为无突出危险区。

（3）在无突出危险区域采掘作业时,可不采取防治突出措施。

二、煤层突出危险性预测

经评估认为有突出危险的新建矿井,建井期间应当对开采煤层及其他可能对采掘活动造成威胁的煤层进行突出危险性鉴定。

1. 煤层突出危险性预测方法

煤层突出危险性预测方法有邻近矿井同一煤层类比法、实测煤层瓦斯参数综合评判法、瓦斯地质方法和其他经研究并被实践证明有效的预测方法。

2. 煤层突出危险性预测指标

突出煤层鉴定应当首先根据实际发生的瓦斯动力现象进行。当动力现象特征不明显或者没有动力现象时,应当根据实际测定的煤层最大瓦斯压力 p、软分层煤的破坏类型、煤的瓦斯放散初速度 Δp 和煤的坚固性系数 f 等指标进行鉴定。全部指标均达到或者超过表 6-1 所列的临界值的,确定为突出煤层。鉴定单位也可以探索突出煤层鉴定的新方法和新指标。

表 6-1　　　　　突出煤层鉴定的单项指标临界值

煤层突出危险性	煤层破坏类型	瓦斯放散初速度 Δp	坚固性系数 f	瓦斯压力 p/MPa
临界值	Ⅲ、Ⅳ、Ⅴ	≥10	≤0.5	≥0.74

煤层破坏类型参照表 6-2 确定。

表 6-2　　　　　　　煤的破坏类型分类表

破坏类型	光泽	构造与构造特征	节理性质	节理面性质	断口性质	强度
Ⅰ类（非破坏煤）	亮与半亮	层状构造,块状构造,条带清晰明显	一组或二三组节理,节理系统发育有次序	有充填物（方解石）,次生面少,节理、劈理面平整	参差阶状、贝壳状、波浪状	坚硬,用手难以掰开

续表 6-2

破坏类型	光泽	构造与构造特征	节理性质	节理面性质	断口性质	强度
Ⅱ类（破坏煤）	亮与半亮	尚未失去层状，较有次序；条带明显，有时扭曲，有错动；不规则块状，多棱角；有挤压特征	次生节理面多，且不规则，与原生节理呈网状节理	节理面有擦纹，滑平，节理平整，易掰开	参差多角	用手极易剥成小块，中等硬度
Ⅲ类（强烈破坏煤）	半亮与半暗	弯曲呈透镜体构造；小片状构造；细小碎块，层理较紊无层次	节理不清，系统不发达，次生节理密度大	有大量擦痕	参差及粒状	用手捻之成粉末，硬度低
Ⅳ类（粉碎煤）	暗淡	粒状或小颗粒胶结而成，形似天然煤团	节理失去意义，呈黏块状	有大量擦痕	粒状	用手捻之成粉末，偶尔较硬
Ⅴ类（全粉煤）	暗淡	土状构造，似土质煤；如断层泥状	节理失去意义，呈黏块状	有大量擦痕	土状	可捻成粉末，疏松

3. 煤层突出危险性预测步骤

煤层突出危险性预测必须是在矿井突出危险性预测的基础上，对已被确定为煤与瓦斯突出矿井或明确要求按煤与瓦斯突出管理矿井各煤层的突出危险性进行预测。

4. 煤层突出危险性预测判断原则及工作要求

矿井有下列情况之一的，应当立即进行突出煤层鉴定；鉴定未完成前，应当按照突出煤层管理：

(1) 煤层有瓦斯动力现象的。

(2) 相邻矿井开采的同一煤层发生突出的。

(3) 煤层瓦斯压力达到或者超过 0.74 MPa 的。

突出煤层和突出矿井的鉴定由煤矿企业委托具有突出危险性

鉴定资质的单位进行。鉴定单位应当在接受委托之日起 120 d 内完成鉴定工作。鉴定单位对鉴定结果负责。煤矿企业应当将鉴定结果报省级煤炭行业管理部门、煤矿安全监管部门、煤矿安全监察机构备案。

　　煤矿发生瓦斯动力现象造成生产安全事故,经事故调查认定为煤与瓦斯突出事故的,该煤层确定为煤与瓦斯突出煤层,该矿井确定为煤与瓦斯突出矿井。

三、煤层区域突出危险性预测

　　1. 煤层区域突出危险性预测方法

　　煤层区域突出危险性预测方法有综合指标法、瓦斯地质方法、煤层瓦斯压力(含量)预测法和其他经研究并被实践证明有效的预测方法。

　　2. 煤层区域突出危险性预测指标

　　(1) 综合指标法。采用综合指标法对煤层实施区域突出危险性预测时,参照矿井突出危险性鉴定所确定的指标和方法进行。煤层突出危险性预测指标可用煤的软分层破坏类型、瓦斯放散初速度指标、煤的坚固性系数和煤层瓦斯压力进行综合评判,预测指标及其临界值(参见表 6-1、表 6-2)。

　　(2) 瓦斯地质方法。采用瓦斯地质方法进行区域预测时,应根据已开采区域确切掌握的煤层赋存和地质构造条件与突出分布的规律,划分出突出危险区域和无突出危险区域。划分突出危险区域一般应符合下列要求:① 煤层瓦斯风化带为无突出危险区。② 在上水平发生过一次突出的区域,下水平的垂直对应区域应预测为突出危险区。③ 根据上水平突出点分布与地质构造的关系,确定突出点距构造线两侧的最远距离界线,并结合地质部门提供的下水平或下部采区的地质构造分布,按照上水平构造线两侧的最远距离界线向下推测下水平或下部采区的突出危险区域(见图 6-1)。④ 未划定的其他区域为无突出危险区。采用瓦斯地质方法进行区域突出危险性预测时,不论其方法和指标如何,关键是要通过对区域的研究,找出影响和控制该区域煤层突出危险性的瓦斯地质指标,并合理地确定其临界值,特别是对区域煤与瓦斯突出起控制作用的瓦斯地质指标及其临界值的研究与确定。

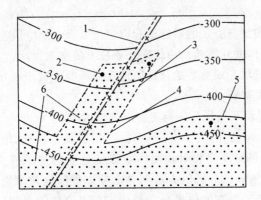

图 6-1　根据瓦斯地质分析划分突出危险区域

1——断层;2——突出点;3——上部区域突出点在断层两侧的最远距离界线;

4——推测下部区域断层两侧的突出危险区边界线;

5——推测的下部区域突出危险区上边界线;

6——突出危险区(阴影部分)

(3)煤层瓦斯压力(含量)预测法。采用煤层瓦斯压力预测法时,如果缺少煤层瓦斯压力资料,也可根据煤层瓦斯含量 W 进行预测。预测所依据的临界值应根据试验考察确定,在确定前可暂按表 6-3 执行。

表 6-3　根据煤层瓦斯压力(含量)进行区域预测的临界值

瓦斯压力 p/MPa	瓦斯含量 W/m³·t⁻¹	区域类别
<0.74	<8	无突出危险区

除上述情况以外的其他情况突出危险区,应当根据煤层瓦斯压力进行预测。如果没有或者缺少煤层瓦斯压力资料,也可根据煤层瓦斯含量进行预测。

3. 煤层区域突出危险性预测步骤

区域预测一般根据煤层瓦斯参数结合瓦斯地质分析的方法进行,也可以采用其他经试验证实有效的方法。根据煤层瓦斯压力或者瓦斯含量进行区域预测的临界值应当由具有突出危险性鉴定资质的单位进行试验考察。在试验前和应用前应当由煤矿企业技术负责人批准。

区域预测新方法的研究试验应当由具有突出危险性鉴定资质的单位进行，并在试验前由煤矿企业技术负责人批准。

根据煤层瓦斯参数结合瓦斯地质分析的区域预测方法应当按照下列要求进行：

（1）煤层瓦斯风化带为无突出危险区域。

（2）根据已开采区域确切掌握的煤层赋存特征、地质构造条件、突出分布的规律和对预测区域煤层地质构造的探测、预测结果，采用瓦斯地质分析的方法划分出突出危险区域。当突出点及具有明显突出预兆的位置分布与构造带有直接关系时，则根据上部区域突出点及具有明显突出预兆的位置分布与地质构造的关系确定构造线两侧突出危险区边缘到构造线的最远距离，并结合下部区域的地质构造分布划分出下部区域构造线两侧的突出危险区；否则，在同一地质单元内，突出点及具有明显突出预兆的位置以上 20 m 及以下的范围为突出危险区。

（3）在划分出的无突出危险区和突出危险区以外的区域，应当根据煤层瓦斯压力 p 进行预测。如果没有或者缺少煤层瓦斯压力资料，也可根据煤层瓦斯含量 W 进行预测。预测所依据的临界值应根据试验考察确定，在确定前可按表 6-4 预测。

表 6-4　根据煤层瓦斯压力或瓦斯含量进行区域预测的临界值

瓦斯压力 p/MPa	瓦斯含量 $W/m^3 \cdot t^{-1}$	区域类别
<0.74	<8	无突出危险区
除上述情况以外的其他情况		突出危险区

采用《防治煤与瓦斯突出规定》第 43 条进行开拓后区域预测时，还应当符合下列要求：

（1）预测所主要依据的煤层瓦斯压力、瓦斯含量等参数应为井下实测数据。

（2）测定煤层瓦斯压力、瓦斯含量等参数的测试点在不同地质单元内根据其范围、地质复杂程度等实际情况和条件分别布置；同一地质单元内沿煤层走向布置测试点不少于 2 个，沿倾向不少于 3 个，并有测试点位于埋深最大的开拓工程部位。

4. 煤层区域突出危险性预测判断原则

突出矿井开采的非突出煤层和高瓦斯矿井的开采煤层，在延深达到或超过 50 m 或开拓新采区时，必须测定煤层瓦斯压力、瓦斯含量及其他与突出危险性相关的参数。

高瓦斯矿井各煤层和突出矿井的非突出煤层在新水平开拓工程的所有煤巷掘进过程中，应当密切观察突出预兆，并在开拓工程首次揭穿这些煤层时执行石门和立井、斜井揭煤工作面的局部综合防突措施。

第三节　工作面突出危险性预测

一、工作面突出危险性预测

工作面煤与瓦斯突出危险性预测包括石门（含井筒）揭煤工作面、煤巷掘进工作面和采煤工作面突出危险性预测。工作面预测又称为点预测和日常预测。

1. 工作面突出危险性预测的目的和意义

通过对工作面突出危险性预测，可以对工作面煤层的突出危险性进行判断，并采取相应措施。工作面经预测无突出危险时，可以减少防突工程量，节省防突费用，提高掘进速度，加快采掘接替。

2. 工作面突出危险性预测的具体任务

通过对工作面突出危险性预测，将工作面划分为突出危险工作面和无突出危险工作面。工作面经预测有突出危险时必须采取消除突出措施，进行效果检验，直到突出危险性消除为止。预测无突出危险的工作面可以采取安全防护措施进行正常采掘作业。

3. 工作面突出危险性预测的依据

工作面突出危险性预测应在煤层区域预测结论的基础上进

行,按照实际所获的工作面预测指标及其临界值并结合工作面地质变化、瓦斯和地应力等显现情况进行。

4. 工作面突出危险性预测基本要求

工作面突出危险性预测是预测工作面煤体的突出危险性,包括石门和立井、斜井揭煤工作面、煤巷掘进工作面和采煤工作面的突出危险性预测等。工作面预测应当在工作面推进过程中进行。在主要采用敏感指标进行工作面预测的同时,可以根据实际条件测定瓦斯含量、工作面瓦斯涌出量动态变化、声发射、电磁辐射、钻屑温度、煤体温度等辅助指标,采用物探、钻探等手段探测前方地质构造,观察分析工作面揭露的地质构造、采掘作业及钻孔等处产生的各种现象,实现工作面突出危险性的多元信息综合预测和判断。

当工作面(包括石门揭煤工作面、煤巷掘进工作面和采煤工作面)发生下列现象时,应判定为有突出危险,并采取防治突出措施:

(1) 煤层的构造破坏带,包括断层、剧烈褶曲、岩浆岩侵入等。

(2) 煤层赋存条件急剧变化。

(3) 采掘应力叠加。

(4) 工作面出现喷孔、顶钻等动力现象。

(5) 工作面出现明显的突出预兆。

5. 工作面突出危险性预测分类

(1) 按预测的地点不同工作面突出危险性预测分为石门揭煤工作面预测、煤巷掘进工作面预测和采煤工作面预测。

(2) 按采取的预测方法不同工作面突出危险性预测分为石门综合指标法、石门钻屑瓦斯解吸指标法、煤巷掘进和采煤工作面钻屑指标法、瓦斯涌出初速度法、R 值指标法等。

二、石门揭煤工作面突出危险性预测

1. 石门揭煤工作面突出危险性预测方法

石门揭煤工作面煤与瓦斯突出危险性预测方法有综合指标法、钻屑瓦斯解吸指标法或经研究并被实践证明有效的其他方法。

2. 石门揭煤工作面突出危险性预测指标及临界值

(1) 石门综合指标预测法。石门综合指标预测法应符合下列要求：① 在岩石工作面向突出煤层至少打 2 个测压钻孔，测定煤层瓦斯压力。② 在打测压钻孔的过程中，每米煤孔采取一个煤样测定煤的坚固性系数 f。③ 将 2 个测压孔所得的坚固性系数最小值加权平均作为煤层软分层的平均坚固性系数。④ 将坚固性系数最小的两个煤样混合后，测定煤的瓦斯放散初速度指标 Δp、D、k 值可按下式求得：

$$D=[(0.007\,5H/f)-3]/(p-0.74) \tag{6-1}$$

$$k=\Delta p/f \tag{6-2}$$

式中　D——煤层突出危险性综合指标；

　　　H——开采深度，m；

　　　f——软分层的煤的坚固性系数。

　　　p——煤层瓦斯压力，取 2 个钻孔实测压力的最大值，MPa；

　　　k——煤层突出危险性综合指标；

　　　Δp——软分层的瓦斯放散初速度指标。

　　石门揭煤工作面控制突出煤层的前探钻孔和预测钻孔布置如图 6-2 所示。

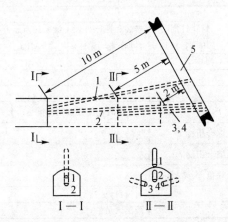

图 6-2　控制突出煤层的前探钻孔和预测钻孔布置

1、2——控制煤层层位钻孔；3、4——测定煤层瓦斯压力钻孔；5——突出危险煤层

　　综合指标 D、k 值突出临界值根据本矿区实测数据确定，如无

实测资料,按表 6-5 确定。

表 6-5　用综合指标 D、k 预测煤层区域突出危险性的临界值

煤层突出危险性综合指标 D	煤层突出危险性综合指标 k	
	无烟煤	其他煤种
0.25	20	15

注:如果 $D=[(0.0075H/f)-3)/(p-0.74)]$ 式中两个括号内的计算值都为负值时,则不论 D 值大小,均为无突出危险工作面。

石门工作面突出危险性综合预测指标法现场参数测定记录如表 6-6 所示。

表 6-6　石门工作面突出危险性综合预测指标法现场参数测定记录

煤层		水平		石门		距地表垂深/m	
煤层瓦斯压力测定							
钻孔编号	钻孔直径/mm	钻孔长度/m			钻孔倾角/(°)	瓦斯压力随时间变化曲线	
		岩孔	煤孔	合计			
封孔情况		封孔日期（年 月 日）		安装瓦斯压力表日期（年 月 日）		最大瓦斯压力/MPa	
孔号	长度/m						
煤的坚固性系数 f			煤的瓦斯放散初速度 Δp				
煤层突出危险性综合指标 D							
煤层突出危险性综合指标 k							
突出危险性综合评价							
总工程师:			通风科(区)长:				
地测科长:			预测人员:				

(2) 石门钻屑瓦斯解吸指标法。采用钻屑瓦斯解吸指标法预测石门工作面突出危险性时,应符合下列要求:在石门工作面距突出煤层垂直距离不小于 5 m 时,至少打 2 个直径为 50～75 mm 的

预测钻孔,在其钻进煤层时,用孔径 1～3 mm 的筛子筛分钻屑,测定其瓦斯解吸指标 Δh_2 或 K_1。钻屑瓦斯解吸指标的测定方法如下:① 钻屑瓦斯解吸指标 Δh_2 的测定。打钻时,在预定的位置取出钻屑,用孔径 1 mm 和 3 mm 的筛子筛分(孔径 1 mm 的筛子在下,孔径 3 mm 的筛子在上),将筛分好的直径 1～3 mm 的粒度的煤样装入 MD -2 型解吸仪的煤样瓶中,煤样装至煤样瓶刻度线水平(10 g 左右),煤样装入煤样罐后,启动秒表,转动三通阀,使煤样瓶与大气隔离,在 2 min 时记录解吸仪的读数,该值即为 Δh_2,单位为 Pa。② 钻屑解吸指标 K_1 的测定。打钻取样同①,使用仪器为 ATY 瓦斯突出预测仪或 WTC 型瓦斯突出参数测定仪等仪器,测量方法如下:每钻进 2 m,取一次钻屑作解吸特征测定。取样时,把秒表、筛子准备好(孔径 1 mm 的筛子在下,孔径 3 mm 的筛子在上),同时启动秒表,在取样的同时进行筛分,当钻屑量不少于 100 g 时,停止取样,并继续进行筛分,最后把已筛分好的直径 1～3 mm 的煤样装入 ATY 瓦斯突出预测仪的煤样罐内,盖好煤样罐,准备测试。当秒表读数至 t_0 时(通常规定 t_0 为 1～2 min),仪器采样键开始测定,经5 min后,当仪器显示 t_0 时,用键盘输入 t_0,按监控键,仪器显示 L_0 时,输入 L_0,按监控键,仪器进行计算,并显示 F_1,此值即为 K_1 值。整个测试完成,可进行下一个煤样的测定。钻屑解吸指标的临界值,应根据实测数据确定。如无实测数据时,可参照表 6-7 所列的石门揭煤工作面钻屑解吸指标法预测突出危险性的临界值预测突出危险性。

表 6-7 石门揭煤工作面钻屑解吸指标法预测突出危险性的临界值

煤样	$\Delta h_2/Pa$	$K_1/mL \cdot (g \cdot min^{1/2})^{-1}$
干煤样	200	0.5
湿煤样	160	0.4

选用表 6-7 中任一指标进行预测时,当指标值超过临界值时,该石门工作面预测为突出危险工作面;反之,为无突出危险工作

面。石门揭煤工作面瓦斯解吸指标预测突出危险性现场记录如表6-8所示。

表 6-8　石门揭煤工作面瓦斯解吸指标预测突出危险性现场记录表

石门名称		煤层		测定日期	年　月　日
钻孔编号	钻孔深度/m	钻屑瓦斯解吸指标			
		$K_1/\text{mL} \cdot (\text{g} \cdot \text{min}^{1/2})^{-1}$	$\Delta h_2/\text{Pa}$	备注	
突出危险结论					
总工程师批示					
通风科(区)长:		地测科长:		预测人员:	

3. 石门揭煤工作面突出危险性预测要求

石门揭煤工作面突出危险性预测必须是在石门工作面距前方被揭煤层法线距离不小于 5 m 处进行。

三、煤巷掘进工作面突出危险性预测

1. 煤巷掘进工作面突出危险性预测方法

煤巷掘进工作面突出危险性预测方法有钻屑指标法、复合指标预测法、R 值指标法、钻屑温度法、煤体温度法、爆破后瓦斯涌出量 V_{30} 等方法。

2. 煤巷掘进工作面突出危险性预测指标及临界值

(1)瓦斯涌出初速度法。用钻孔瓦斯涌出初速度法预测煤巷掘进工作面突出危险性时,应按下列步骤进行:① 在掘进工作面的软分层中,靠近巷道两帮,各打一个平行于巷道掘进方向,直径为 42 mm、孔深为 3.5 m 的钻孔(见图 6-3)。② 用专门的封孔器封孔,封孔后测量室长度为 0.5 m。③ 钻孔瓦斯涌出初速度的测定必须在打完钻孔后 2 min 内完成。

判断突出危险性的钻孔瓦斯涌出初速度的临界值 q_m 应根据实测资料分析确定。

如无实测资料时,可参照表 6-9 中的临界值 q_m。当实测的 q 值等于或大于临界值 q_m 时,煤巷掘进工作面应预测为突出危险工作面;当

实测的 q 值小于临界值 q_m 时,该工作面应预测为无突出危险工作面。

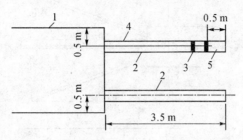

图 6-3 钻孔瓦斯涌出初速度法预测钻孔布置

1——巷道;2——钻孔;3——封孔;4——瓦斯排出管;5——测量室

表 6-9 判断突出危险性的钻孔瓦斯涌出初速度临界值

煤的挥发分 V_{daf}/%	5~15	15~20	20~30	>30
初速度 q_m/L·min^{-1}	5.0	5.0	4.0	4.5

用钻孔瓦斯涌出初速度法预测煤巷掘进工作面突出危险性时,如预测为无突出危险工作面,每预测循环应留有 2 m 预测超前距。

(2)钻屑指标法。采用钻屑指标法预测煤巷掘进工作面突出危险性时,应按照下列步骤进行:① 在倾斜和急倾斜煤层煤巷掘进工作面打 2 个、缓倾斜煤层煤巷掘进工作面打 3 个直径为 42 mm、孔深为 8~10 m 的钻孔。钻孔应布置在软分层中,一个钻孔位于巷道工作面中部,并平行于掘进方向,其他钻孔的终孔点应位于巷道轮廓线外 2~4 m 处。煤巷掘进工作面钻屑指标法预测工作面突出危险性钻孔布置如图 6-4 所示。② 钻孔每打 1 m 测定一次钻屑量,每隔 2 m 测定一次钻屑解吸指标。根据每全钻孔沿孔长每米的最大钻屑量 S_{max} 和钻屑解吸指标 K_1 和 Δh_2 预测工作面的突出危险性。

采用钻屑指标法预测工作面突出危险性时,各项指标的突出危险临界值,应根据现场实测资料确定。如无实测资料时,可参照表 6-10 的数据确定工作面的突出危险性。

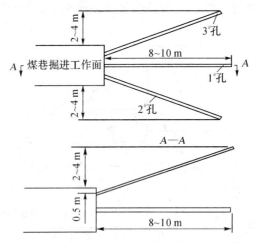

图 6-4　钻屑指标法预测工作面突出危险性钻孔布置图

实测得到的任一指标 S_{max} 值、K_1 值或 Δh_2 值等于或大于表中的临界值时,该工作面预测为突出危险工作面。③ 采用钻屑指标法预测工作面突出危险性时,当预测为无突出危险时,每预测循环应留有 2 m 的预测超前距。

表 6-10　用钻屑指标法预测煤巷掘进工作面突出危险性的临界值

钻屑瓦斯解吸指标 Δh_2	最大钻屑量 S_{max}		钻屑瓦斯解吸指标 K_1	危险性
/Pa	kg/m	L/m	mL/(g · min$^{1/2}$)	
≥200	≥6	≥5.4	≥0.5	突出危险工作面
<200	<6	<5.4	<0.5	无突出危险工作面

(3)复合指标预测法。① 用复合指标法预测煤巷掘进工作面突出危险性时,在近水平、缓倾斜煤层工作面应当向前方煤体至少施工 3 个、在倾斜或急倾斜煤层至少施工 2 个直径为 42 mm、孔深为 8～10 m 的钻孔,测定钻孔瓦斯涌出初速度和钻屑量指标。复合指标法预测钻孔布置如图 6-5 所示。② 钻孔应当尽量布置在软分层中,一个钻孔位于掘进巷道断面中部,并平行于掘进方向,其他钻孔开孔口靠近巷道两帮 0.5 m 处,终孔点应位于巷道

断面两侧轮廓线外 2～4 m 处。③ 钻孔每钻进 1 m 测定该 1 m 段的全部钻屑量 S,并在暂停钻进后 2 min 内测定钻孔瓦斯涌出初速度 q。测定钻孔瓦斯涌出初速度时,测量室的长度为 1.0 m。采用复合指标法预测煤巷掘进工作面现场记录如表 6-11 所示。

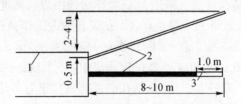

图 6-5　复合指标法预测钻孔布置

1——巷道;2——预测钻孔;3——测量室

表 6-11　　复合指标法预测煤巷掘进工作面现场记录表

测定日期 （年 月 日）	工作面距主要巷道位置/m	观测钻孔编号	瓦斯涌出初速度 q/L·min^{-1}	钻屑量 S		预测结论	测定人员	防突专门机构负责人
				kg/m	L/m			

　　各煤层采用复合指标法预测煤巷掘进工作面突出危险性的指标临界值应根据试验考察确定,在确定前可暂按表 6-12 的临界值进行预测。

表 6-12　　复合指标法预测煤巷掘进工作面突出危险性的参考临界值

钻孔瓦斯涌出初速度 q/L·min^{-1}	钻屑量 S	
	kg/m	L/m
5	6	5.4

　　如果实测得到的指标 q、S 的所有测定值均小于临界值,并且

未发现其他异常情况,则该工作面预测为无突出危险工作面;否则,为突出危险工作面。

采用复合指标法预测工作面突出危险性时,当预测为无突出危险时,每预测循环应留有 2 m 的预测超前距。

(4) R 值指标法。采用 R 值指标法预测煤巷掘进工作面突出危险性时,应按下列步骤进行:① 在煤巷掘进工作面打 2 个(倾斜和急倾斜煤层)或 3 个(缓倾斜煤层)直径为 42 mm、深为 5.5～6.5 m 的钻孔。钻孔应布置在软分层中,一个钻孔位于工作面中部,并平行于掘进方向,其他钻孔的终孔点位于巷道轮廓线外 2～4 m 处。R 值指标法预测钻孔布置与复合指标法相同,参见图 6-5。② 钻孔每打 1 m,测定一次钻屑量和钻孔瓦斯涌出初速度。测定钻孔瓦斯涌出初速度时,测量室的长度为 1.0 m,根据每个钻孔的最大钻屑量和最大瓦斯涌出初速度按式(6-3)确定各孔的 R 值:

$$R = (S_{\max} - 1.8)(q_{\mathrm{m}} - 4) \tag{6-3}$$

式中　$S_{\max}$——每个钻孔沿孔长最大钻屑量,L/m;

　　　q_{m}——每个钻孔沿孔长最大瓦斯涌出初速度,L/min。

判断煤巷掘进工作面突出危险性的临界值 R_{m} 应根据实测资料确定。如无实测资料时,取 $R_{\mathrm{m}}=6$。当任何一个钻孔中的 $R \geqslant R_{\mathrm{m}}$ 时,该工作面预测为突出危险工作面;当 $R < R_{\mathrm{m}}$ 时,该工作面预测为无突出危险工作面。当 R 为负值时,应采用单项(取公式中的正值项)指标预测。

四、采煤工作面突出危险性预测

1. 采煤工作面突出危险性预测方法

对采煤工作面的突出危险性预测,可参照《防治煤与瓦斯突出规定》煤巷掘进工作面预测方法进行。但应沿采煤工作面每隔 10～15 m 布置一个预测钻孔,深度为 5～10 m,在工作面两端离巷道煤壁 5～10 m 处开始布置钻孔,在地质构造带应根据实际情况适当加密钻孔,除此之外的各项操作均与煤巷掘进工作面突出危险性预测相同。

　　判定采煤工作面突出危险性的各指标临界值应根据试验考察确定,在确定前可参照煤巷掘进工作面突出危险性预测的临界值。采煤工作面预测钻孔布置如图 6-6 所示。

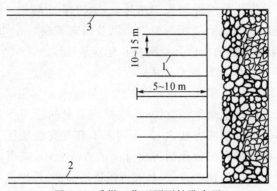

図 6-6　采煤工作面预测钻孔布置

1——预测钻孔;2——工作面机巷;3——工作面风巷

　　2. 采煤工作面突出危险性预测指标及临界值

　　一般情况下,以上所述用于煤巷掘进工作面的突出危险性预测方法均可用于采煤工作面突出危险性预测。所对应的某一预测方法,其指标及其临界值也相同。

　　五、工作面突出危险性预测判断原则

　　采掘工作面经工作面突出危险性预测后划分为突出危险工作面和无突出危险工作面。未进行工作面预测的采掘工作面,应当视为突出危险工作面。

　　在实施局部综合防突措施的煤巷掘进工作面和采煤工作面,若预测指标为无突出危险,则只有当上一循环的预测指标也是无突出危险时,方可确定为无突出危险工作面,并在采取安全防护措施、保留足够的预测超前距的条件下进行采掘作业;否则,仍要执行一次工作面防突措施及措施效果检验。

　　六、其他预测方法

　　生产矿井除《防治煤与瓦斯突出规定》所规定的预测方法外,现场研究应用的预测方法还有 V_{30} 指标法、声发射预测预报突出法和瓦斯涌出动态法预测预报突出法等方法。

1. V_{30} 指标法

V_{30} 指标法实质是利用工作面爆破 30 min 后相对瓦斯涌出量作为工作面突出危险性的预测指标。V_{30} 指标的大小主要取决于巷道爆破后新增煤壁的瓦斯涌出量以及爆破破煤的瓦斯解吸量。因此,它兼有瓦斯涌出和瓦斯解吸指标双重特性。

2. 声发射预测预报突出法

自 20 世纪 60 年代以来,苏联、波兰等国家常应用以声发射监测技术为基础的连续预测方法,苏联把声发射的检测作为工作面突出危险的标准预测方法之一,并列入了有关安全规程。与目前应用的工作面钻孔参数预测突出危险的方法相比,应用以声发射连续监测为基础的预测方法,具有可以连续监测、及时预报突出危险状态、不影响工作面正常生产作业、不需占用专门的测定时间和空间等明显优点,并可同时作为突出危险性预测预报、执行防突措施过程的安全监控和防突措施效果检验的手段,在有条件的地方便于形成全矿井的防突集中监测系统,以提高矿井的安全程度和管理水平。

3. 瓦斯涌出动态法预测预报突出法

瓦斯涌出动态法预测预报突出,是利用煤矿安全监控系统对采掘工作面的瓦斯涌出变化特征进行监测及预测突出危险性。用这一方法进行工作面突出危险性预测,可以实现连续和"非接触式"预测。随着煤矿安全监控系统技术的不断完善,这一预测方法展示出很好的应用前景。

复习思考题

一、单选题

1. 工作面预测的敏感指标和临界值的应用的批准人为(　　　)。

A. 煤矿企业技术负责人　　　　　　B. 煤矿总工程师

C. 煤矿矿长　　　　　　　　　　　D. 煤矿防突技术人员

2. 在煤层无突出危险区域内,采掘工作面每推进(　　　) m 应用工作面预测方法连续进行不少于 2 次区域预测验证。

    A. 10～50　　　　B. 30～100　　　　C. 10～30　　　　D. 50～100

3. V_{30} 指标法实质是利用工作面爆破（　　）min 后相对瓦斯涌出量作为工作面突出危险性的预测指标。

    A. 20　　　　　　B. 30　　　　　　C. 40　　　　　　D. 50

4. 未进行工作面预测的采掘工作面，应当视为（　　）工作面。

    A. 突出危险　　B. 无突出危险　　C. 突出威胁　　D. 瓦斯喷出危险

5. 进行煤层区域预测时，煤层瓦斯压力、瓦斯含量等参数的测试点，在同一地质单元内沿煤层走向布置测试点不少于（　　）个，并有测试点位于埋深最大的开拓工程部位。

    A. 2　　　　　　B. 3　　　　　　C. 4　　　　　　D. 5

6. 进行煤层区域预测时，煤层瓦斯压力、瓦斯含量等参数的测试点，在同一地质单元内沿煤层倾向不少于（　　）个，并有测试点位于埋深最大的开拓工程部位。

    A. 2　　　　　　B. 3　　　　　　C. 4　　　　　　D. 5

7. 采用钻屑瓦斯解吸指标法预测石门工作面突出危险性时，应在石门工作面距突出煤层垂直距离不小于（　　）m 时，至少打 2 个直径为 50～75 mm 的预测钻孔。

    A. 5　　　　　　B. 8　　　　　　C. 10　　　　　　D. 15

8. 采用复合指标法预测煤巷掘进工作面突出危险性时，在近水平、缓倾斜煤层工作面应当向前方煤体至少施工（　　）个孔深 8～10 m 的钻孔，测定钻孔瓦斯涌出初速度和钻屑量指标。

    A. 1　　　　　　B. 2　　　　　　C. 3　　　　　　D. 4

9. 采用钻屑指标法预测工作面突出危险性时，当预测为无突出危险时，每预测循环应留有（　　）m 的预测超前距。

    A. 1　　　　　　B. 2　　　　　　C. 3　　　　　　D. 4

10. 采煤工作面的突出危险性预测，可参照《防治煤与瓦斯突出规定》所列的煤巷掘进工作面预测方法进行。但应沿采煤工作面每隔（　　）m 布置一个预测钻孔，深度 5～10 m，除此之外的各项操作等均与煤巷掘进工作面突出危险性预测相同。

    A. 5～10　　　　B. 8～12　　　　　C. 10～15　　　　D. 15～20

二、多选题

1. 矿井煤与瓦斯突出危险性预测按预测时间的不同有（　　）。

A. 勘探时期的煤与瓦斯突出危险性预测

B. 生产矿井煤与瓦斯突出危险性预测

C. 区域预测

D. 工作面预测

2. 矿井煤与瓦斯突出危险性预测按预测范围的不同有(　　)。

A. 水平预测　　B. 采区预测　　C. 区域预测　　D. 工作面预测

3. 矿井煤与瓦斯突出危险性预测按预测的对象可分为(　　)。

A. 井田　　　　B. 煤层　　　　C. 煤层区域　　D. 工作面

4. 煤与瓦斯突出危险性区域预测进行的时间一般是在(　　)。

A. 新井建设前　　　　　　　B. 新水平开拓前

C. 新采区开拓前　　　　　　D. 新采区开拓完成后

5. 经煤与瓦斯突出危险性预测或煤与瓦斯突出危险性鉴定后,可将矿井划
分为(　　)。

A. 突出矿井　　　　　　　　B. 非突出矿井

C. 无突出矿井　　　　　　　D. 无突出危险矿井

6. 井田内各煤层经煤与瓦斯突出危险性预测后,将煤层划分为(　　)。

A. 突出煤层　　　　　　　　B. 无突出危险煤层

C. 突出危险煤层　　　　　　D. 非突出煤层

7. 有煤与瓦斯突出危险性的煤层突出经预测后将划分为(　　)。

A. 突出危险区　B. 无突出危险区　C. 突出威胁区　D. 无突出区

8. 工作面经煤与瓦斯突出危险性预测,将工作面划分为(　　)。

A. 突出危险工作面　　　　　B. 无突出危险工作面

C. 突出工作面　　　　　　　D. 突出威胁工作面

9. 煤层突出危险性预测(鉴定)方法有(　　)。

A. 邻近矿井同一煤层类比法

B. 实测煤层瓦斯参数综合评判法

C. 瓦斯地质方法

D. 其他经研究并被实践证明有效的预测方法

10. 按采取的预测方法不同,工作面预测方法主要有(　　)。

A. 石门综合指标法　　　　　B. 石门钻屑瓦斯解吸指标法

C. 煤巷掘进和采煤工作面钻屑指标法

D. R 值指标法。

三、判断题

1. 煤与瓦斯突出危险性技术管理原则是区域综合防突措施为主,局部综合防突措施为辅,区域综合防突措施先行,局部综合防突措施作为补充。(　　)

2. 新的预测方法研究试验应当由具有突出危险性鉴定资质的单位进行。(　　)

3. 试验确定工作面预测的敏感指标和临界值,应由具有突出危险性鉴定资质的单位进行。(　　)

4. 矿井煤与瓦斯突出危险性区域预测的依据主要为本矿井或邻近矿井的瓦斯地质条件及其参数。(　　)

5. 矿井煤与瓦斯突出危险性预测或煤与瓦斯突出危险性鉴定,一般应在矿井初步设计以前进行和矿井建设过程中进行。(　　)

6. 煤层煤与瓦斯突出危险性预测一般是在确定了矿井为煤与瓦斯突出矿井之后进行。(　　)

7. 煤层区域煤与瓦斯突出危险性预测是在确定了煤层为煤与瓦斯突出煤层之后进行。(　　)

8. 突出危险区域内,工作面进行采掘前,应进行工作面预测。(　　)

9. 经预测无突出危险的工作面可以采取安全防护措施进行正常采掘作业。(　　)

10. 采煤工作面的突出危险性预测可参照煤巷掘进工作面预测方法进行。但应沿采煤工作面每隔 10~15 m 布置一个预测钻孔,深度为 5~10 m。(　　)

第七章　防突技术措施

第一节　防突措施采取的原则与要求

一、突出煤层的合理抽、掘、采部署

根据《防治煤与瓦斯突出规定》,凡是煤与瓦斯突出矿井都必须采取区域综合防突措施和局部综合防突措施。而采取防治煤与瓦斯突出措施的前提是必须有合理的抽、掘、采部署。煤与瓦斯突出矿井合理的抽、掘、采部署、巷道布置和开采顺序,是防止重大煤与瓦斯突出事故的核心和关键问题,也是煤与瓦斯突出矿井安全系统工程中的一个不可忽视的重要环节。煤与瓦斯突出矿井必须从战略高度来认识和解决好抽、掘、采部署和巷道布置,研究和落实"抽、掘、采"的时空关系以及开采顺序。因此,煤与瓦斯突出矿井都必须合理部署抽、掘、采,促使巷道布置合理、系统功能完善,为防治煤与瓦斯突出、促进煤与瓦斯突出矿井安全生产创造基本条件和灾害治理奠定基础。

1. 矿井开采顺序

无论是井田走向跳采区或倾向上跳区段开采,当前后采区或区段开采后,矿山压力必然集中在未开采的采区或区段,导致巷道变形破坏,既增大了巷道维护费用,又增大了煤与瓦斯突出的可能性和危险性。任何一个矿井的开采都必须具有合理的开采顺序,以确保矿井有安全生产系统的畅通和可靠,减少矿山压力集中的条件和对井巷工程的破坏作用。矿井的一般开采顺序要求为采区前进、区内后退;煤层的开采顺序一般为从上到下,区段上行或下行。

2. 合理的抽、掘、采部署

煤与瓦斯突出矿井的生产布局中,一般都要求形成"三区配套两超前",三区是指开拓区、准备区和开采区,两超前是指实现抽采煤层瓦斯超前和保护层开采超前,以便于建立独立、可靠的通风系统,保证抽、掘、采互不干扰,给防突留有足够的时间和空间,维持正常的接续关系。

保护层超前就是保护层的开采要优先于被保护层提前开采,正在开采的保护层工作面,必须超前于被保护层的掘进工作面,其超前距离不得小于保护层与被保护层层间垂距 3 倍,并不得小于100 m。停采的保护层工作面,停采时间超过 3 个月,且卸压比较充分,根据保护层的始采线、采止线及所留煤柱对被保护层的保护范围可按卸压角 56°~60°划定。正常接续的矿井在保护层工作面至少 3~6 个月之后,被保护层工作面才能进入划定的保护范围内进行采掘活动。

瓦斯抽采工作必须提前设计、超前施工,在保护层开采前就应布置好抽采系统,提前预抽被保护层的瓦斯,当保护层开采时,还可以抽采卸压瓦斯,这就是瓦斯抽采超前。

"三区配套两超前"是检查煤与瓦斯突出矿井抽、掘、采部署正常与否的重要标准。

煤与瓦斯突出矿井为保证通风系统独立、可靠,防止灾害波及范围扩大,不允许多头多面集中生产,矿井采掘工作面数量要符合《煤矿安全规程》的规定,在同一突出煤层同一区段的集中应力影响范围内,不得布置 2 个工作面相向开采或掘进,应避开本煤层或邻近煤层采煤工作面的应力集中范围。为防止生产过于集中,各地方政府也作出了一些具体规定,这些规定是衡量煤与瓦斯突出矿井抽、掘、采部署合理与否的基本标准。

3. 合理的抽、掘、采接续

煤与瓦斯突出矿井在采掘前或过程中涉及实施防治煤与瓦斯突出的措施等,工序多而过程较复杂,需要有足够的空间和时间,在安排采掘接续时必须给保护层开采、预抽煤层瓦斯留有足够的空间和时间。煤与瓦斯突出矿井的抽、掘、采接续关系是否正常，可用开拓煤量、准备煤量、保护煤量和回采煤量"四个煤量"来衡量。根据多年的生产实践，一般开拓煤量要保证 5 年及以上，准备煤量应在 2 年以上，回采煤量不少于 1 年。而保护煤量是反映突出矿井抽掘采接续的一项重要指标，保护煤量必须大于开采煤量，以介于准备煤量和回采煤量之间较为合理。在保护层开采或预抽煤层瓦斯控制范围内受到保护，经措施效果检验无突出危险的煤量应大于回采煤量。

4. 合理的通风系统

生产水平和采区必须实行分区通风，建立完善可靠的通风系统，配风量必须有相应的富余系数，提高矿井通风抗灾能力。

高瓦斯矿井、有煤与瓦斯突出矿井，每个采区和开采容易自燃煤层的采区，必须设置至少 1 条专用回风巷。采区进、回风巷必须贯穿整个采区，严禁一段进风、一段回风。控制风流的风门、风墙、风窗、风桥等通风设施必须牢固可靠。采掘工作面应实行独立通风系统，严禁两个防突工作面之间串联通风。

煤与瓦斯突出煤层的掘进工作面必须采用压入式通风，局部通风机应实现"三专两闭锁"和双风机双电源，运行风机与备用风机之间必须实现自动切换。局部通风机和控制开关等电气设备应安装在进风巷道中，距离回风口不得小于 10 m，全风压供风风量不得小于局部通风机的吸风量，严禁出现循环风。掘进工作面进风侧必须设置防突风门，通过墙垛的管道、电缆必须堵严，风筒孔必须设置防止逆流的隔断装置。风筒出口与工作面的距离应在作业规程中明确规定，工作面的有效风量必须满足要求，回风风流应直接引入采区回风巷。

煤与瓦斯突出煤层采煤工作面回风流应直接引入采区回风巷，回风侧不应设置调节风窗等通风设施，不得采用下行通风。

5. 合理的机械化手段

无论是掘进工作面还是采煤工作面，当前一个循环破煤后，新暴露的煤壁在矿山压力的作用下，在某一深度范围内会产生新的裂隙,煤壁瓦斯又会重新解吸和释放一次,在这有限的深度范围内,相应地削弱或消除了突出危险性。矿井在开采具有煤与瓦斯突出危险的煤层时,应选择浅截深的割煤机,以降低煤与瓦斯突出危险性。如俄罗斯顿涅茨克矿区缓倾斜突出危险煤层开采证明了在所有落煤方式下都会发生煤与瓦斯突出。但是使用 0.8 m 以下的浅截深采煤机和刨煤机可以使突出密度降低 30%~40%。对于开采中硬及以下的煤层,刨煤机和浅截深机组是可行的。

随着综采、综掘机组与防突配套技术与自动化控制技术的发展,煤与瓦斯突出矿井采用远距离控制的机械进行采掘作业,有希望设立无人工作面,浅截深机组配套防突技术加遥控开采煤与瓦斯突出煤层的技术很有发展前景。

6. 合理的生产规模

矿井的生产规模在正常情况下,由煤层的赋存条件、同时生产的工作面数量以及采掘机械化程度决定的。煤与瓦斯突出矿井的生产规模应根据煤层赋存条件、实施采掘机械化的可能性以及突出严重程度合理确定。从部分煤与瓦斯突出矿井统计资料分析,地质构造复杂、煤层赋存不稳定、煤与瓦斯突出严重的矿井实际生产能力仅为设计生产能力的 30%~60%。

二、采取防治煤与瓦斯突出措施的原则

1. 建立防突工作体系

煤与瓦斯突出矿井应完善以总工程师为首的防突工作体系,建立防突机构、配齐防突机具、检测仪器仪表、配备相应的专业技术人员,开展防突技术工作。按规定配备安全副总工程师、地测副总工程师。健全各级管理人员和各工种防突责任制以及防突规章制度,明确责任、促进管理、约束全体员工的操作行为,使防突工作走向规范化、科学化。

2. 采取防突措施的原则

煤与瓦斯突出矿井必须建立瓦斯抽采系统,制定瓦斯抽采规划和年度计划,矿井应将打钻抽采、巷道掘进和工作面开采统筹安排,实现抽采达标和"抽、掘、采"平衡,坚持先抽后采、不抽不采;必

须以开采保护层或预抽煤层瓦斯区域性防突措施为重点,落实区域和局部两个"四位一体"综合防突措施,坚持区域防突措施先行、局部防突措施补充的原则,达到不掘突出头、不采突出面。

防突措施应根据煤层厚度、倾角、煤的物理力学性质、瓦斯含量、地质构造、层节理发育程度以及巷道布置等情况科学、合理地选择。选用时必须遵守下列规定:

(1)区域防突措施选取原则。有保护层开采的矿井必须优先选用保护层开采,并抽采被保护层的瓦斯。无保护层开采的矿井必须预抽煤层瓦斯。开采保护层区域防突措施应当符合《防治煤与瓦斯突出规定》的要求。采用各种方式的预抽煤层瓦斯区域防突措施应当符合《防治煤与瓦斯突出规定》的要求。

(2)局部防突措施选择原则。工作面防突措施是针对经工作面预测尚有突出危险的局部煤层实施的防突措施,其有效作用范围仅限于当前工作面周围的较小区域。应根据工作面属性、煤层厚度、倾角、煤的物理力学性质、瓦斯含量、地质构造、层理、节理发育程度等情况来选择针对性强、简单易实施、安全可靠、效果较好的工作面防突措施。① 石门揭煤工作面的防突措施可选用预抽瓦斯、排放钻孔、水力冲孔、金属骨架、煤体固化或其他经试验证明有效的措施。立井揭煤工作面可以选用除水力冲孔以外的各项措施。金属骨架、煤体固化措施,应当在采用了其他防突措施并检验有效后方可在揭开煤层前实施。斜井揭煤工作面的防突措施应当参考石门揭煤工作面防突措施进行选择。对所实施的防突措施都必须进行实际考察,得出符合本矿井实际条件的有关参数。② 突出煤层煤巷或半煤巷掘进工作面的防突措施应当优先选用超前钻孔抽采或排放防突措施。如果采用松动爆破、水力冲孔、水力疏松或其他工作面防突措施时,必须经试验考察确认防突效果有效后方可使用。前探支架措施应当配合其他措施一起使用。下山掘进时,不得选用水力冲孔、水力疏松措施。煤层倾角 8°以上的上山掘进工作面不得选用松动爆破、水力冲孔、水力疏松措施。煤巷掘进工作面在地质构造破坏带或煤层赋存条件急剧变化处不能按原设计要求实施时,必须打钻孔查明煤层赋存条件,然后采用直径为42～75 mm的钻孔排放瓦斯。若突出煤层煤巷掘进工作面前方遇到落差超过煤层厚度的断层,应按石门揭煤的措施执行。③ 采煤工作面可采用超前排放钻孔、预抽瓦斯、松动爆破、浅孔高压疏松注水、中深孔注水湿润煤体或其他经试验证实有效的防突措施。

松动爆破适用于煤质较硬、围岩稳定性较好的煤层,孔深不小于 5 m,炮泥封孔长度不得小于 1 m。应当严格控制装药量,以免孔口煤壁垮塌诱发煤与瓦斯突出。

3. 突出矿井的抽、掘、采平衡

煤与瓦斯突出矿井应当做好防突工程的计划和实施,将预抽煤层瓦斯、保护层开采等工程与矿井采掘部署、工程接替等统一安排,使矿井开拓区、抽采区、保护层开采区和突出煤层开采区按比例协调配置。矿井在编制生产规划和年度生产计划时,必须同时组织编制相应的瓦斯抽采规划和年度实施计划,确保抽、掘、采平衡。矿井年度生产和抽采实施计划包括:年度瓦斯抽采的煤层范围及相对应的年度产量安排、采面接续、巷道掘进、年度抽采工程、抽采设备设施、施工队伍、抽采时间、抽采量、抽采指标、资金计划、确保预抽煤层瓦斯的人、财、物的落实和其他保障措施,促使瓦斯抽采计划的顺利实施。

煤与瓦斯突出矿井在安排生产计划的同时,必须充分考虑瓦斯抽采所需要的工程和时间。在煤层底(顶)板布置专用抽采瓦斯巷道,采用穿层钻孔抽采煤层瓦斯时,应考虑专用抽采瓦斯巷道的位置要有利于瓦斯抽采,满足抽采方法的要求;安排巷道施工时,应当满足抽采达标所需的抽采时间要求。煤层群开采的矿井,应当安排抽采卸压瓦斯的配套工程。开采保护层时,必须布置对被保护层进行瓦斯抽采的配套工程等。

为了便于生产组织与实施,随时掌握煤与瓦斯突出矿井采掘生产和瓦斯抽采进度,可将年度生产计划和瓦斯抽采计划以及配套工程等综合编制成一张抽、掘、采进度图表,张贴在矿井调度室,每天收集采煤工作面的产量和推进度、掘进工作面的进尺、瓦斯钻孔施工进度以及配套工程完成等情况,及时填绘进度图表;及时收集、了解和解决采掘、瓦斯抽采等生产环节出现的问题,确保各生产计划的正常开展。

4. 突出矿井巷道布置原则

(1) 开拓巷道布置。平硐开拓矿井可以布置进风、运输平硐和回风井筒 2 个井筒;而斜井和立井开拓的矿井至少应布置主井、副井和回风井 3 个井筒。要求其开拓巷道不得布置在有煤与瓦斯突出危险和严重冲击地压以及有煤层自然发火的煤层中,矿井主要进回风石门、井底车场以及变电所、水泵房等机电硐室应尽量避开较大断层、构造应力区、强含水层。突出矿井中的主要巷道应布置在岩层或非突出煤层中,应尽可能减少突出煤层中的掘进工作量。

(2) 准备巷道布置。煤与瓦斯突出矿井每一个采区应布置至少 3 条上山,即 1 条运输上山,1 条轨道上山,1 条专用回风上山。采区内每一个区段应布置一条岩石区段平巷,以作为预抽煤层瓦斯并兼做其他用途的巷道,底板巷道距煤层的最小法线距离不得小于 10 m,顶板巷道距离煤层的最小法线距离不得小于 5 m。对于煤层赋存不稳定、地质构造较复杂的区域还应适当增大与煤层的法线距离。

(3) 开采巷道布置。开采巷道布置主要根据煤层赋存状态、采煤方法以及保护层保护范围或煤层瓦斯预抽钻孔控制范围等因素确定。采煤工作面所有巷道均不得布置在未受到保护层保护的范围或进入无瓦斯预抽钻孔有效控制的范围内。

根据煤层瓦斯含量、采掘工作面的瓦斯涌出量,以及灾害治理方式等情况,有的矿井将工作面运输巷和下一个区段回风巷同时布置,采用双巷套掘,以便边掘边抽煤层瓦斯。有的矿井邻近层瓦斯含量大,保护层开采时,邻近层瓦斯大量涌向采空区,导致工作面或回风隅角瓦斯超限。为解决好采煤工作面或回风隅角瓦斯超限,需要布置专用排瓦斯巷道。由于两巷之间留有一定宽度的煤柱,两巷所占用的层面宽度较大,所以,在巷道布置时一定要使最外侧一条巷道处于保护范围内。不得进入煤柱,因煤柱区的应力集中系数相当高,突出频率高、强度大,是煤与瓦斯突出高发区。

突出矿井的巷道布置应当符合《防治煤与瓦斯突出规定》第16条的要求。

三、防治煤与瓦斯突出措施

1. 区域综合防突措施

区域综合防突措施是指在突出煤层进行采掘前,对突出煤层较大范围采取的防突措施,包括区域突出危险性预测、区域防突措施、区域措施效果检验、区域验证。区域防突措施分为开采保护层和预抽煤层瓦斯2类。其中,保护层分为上保护层和下保护层。

"四位一体"区域综合防突措施基本程序和要求为:突出矿井按区域突出危险性预测→区域防突措施→区域措施效果检验→区域验证的程序执行。有保护层开采的矿井应优先选用开采保护层作为区域防突措施,并同时抽采被保护层的瓦斯;无保护层开采的矿井可采用预抽煤层瓦斯作为区域防突措施。预抽煤层瓦斯可采用的方式有地面预抽煤层瓦斯与井下预抽煤层瓦斯,井下穿层钻孔或顺层钻孔预抽区段煤层瓦斯、穿层钻孔预抽煤巷条带煤层瓦斯、顺层钻孔或穿层钻孔预抽开采区域煤层瓦斯、穿层钻孔预抽石门揭煤区域煤层瓦斯、顺层钻孔预抽煤巷条带煤层瓦斯等。预抽煤层瓦斯区域防突措施应当采用多种方式。

2. 局部综合防突措施

局部综合防突措施是指在采掘工作面较小范围内实施的所有适用的防突措施,包括工作面突出危险性预测、工作面防突措施、工作面措施效果检验以及安全防护措施。常用的局部防突措施有超前钻孔抽排煤层瓦斯、超前支架、金属骨架、松动爆破、水力冲孔、卸压槽等。

"四位一体"局部综合防突措施的基本程序和要求为:突出煤层采掘工作面应按工作面突出危险性预测→工作面防突措施→工作面防突措施效果检验→安全防护措施的程序执行。采掘工作面突出危险性预测是预测工作面煤体的突出危险性,包括石门、立井、斜井、煤巷掘进工作面和采煤工作面的突出危险性预测等。工作面预测应当在工作面推进过程中进行,采掘工作面经预测后划分为突出危险工作面和无突出危险工作面。未进行工作面预测的采掘工作面,应当视为突出危险工作面。突出危险工作面必须采取局部防突措施,并进行措施效果检验。经检验证实措施有效后,判定为无突出危险工作面;当措施无效时,仍为突出危险工作面,必须采取补充防突措施,并再次进行措施效果检验,直到措施有效为止。

无突出危险工作面必须在采取安全防护措施并保留足够的突出预测超前距或防突措施超前距的条件下进行采掘作业。工作面应保留的最小防突措施超前距为煤巷掘进工作面 5 m,采煤工作面 3 m;在地质构造破坏严重地带应适当增加超前距,但煤巷掘进工作面不小于 7 m,采煤工作面不小于 5 m。每次工作面防突措施施工完成后,应当绘制工作面防突措施竣工图。

石门、立井和斜井揭穿突出煤层前,应准确控制煤层层位,掌握煤层的位置和赋存形态。在揭煤工作面掘进至距煤层最小法向距离 10 m 前,应当至少打两个穿透煤层全厚且进入顶(底)板不小于 0.5 m 的前探钻孔,并详细记录岩芯资料,绘制出石门地质剖面图。当需要测定瓦斯压力时,前探钻孔可用作压力测定钻孔;若二者不能共用时,则测定钻孔应布置在该区域各钻孔见煤点间距最大的位置。在地质构造复杂、岩石破碎的区域,揭煤工作面掘进至距煤层最小法向距离 20 m 之前应布置一定数量的前探钻孔,以保证能确切掌握煤层厚度、倾角变化、地质构造和瓦斯情况。

四、防治煤与瓦斯突出措施的基本要求

1. 突出矿井地测工作要求

(1) 瓦斯地质图编制。瓦斯地质图是矿井瓦斯地质工作成果的体现,是研究矿井瓦斯生成、保存和运移规律,进行矿井瓦斯灾害防治和瓦斯开发利用的基础性图件,是矿井必备的技术图件之一。图中应标明采掘进度、被保护范围、煤层赋存条件、地质构造、突出点的位置、突出强度、瓦斯基本参数及绝对瓦斯涌出量和相对瓦斯涌出量等,作为区域突出危险性预测、采掘工作面突出危险性预测和制定防突措施的依据。矿井瓦斯地质图由地测部门与防突部门、通风部门共同编制。

(2)动态地质预测预报。突出煤层顶、底板岩巷掘进时,地测部门提前进行地质预测,掌握施工动态和围岩变化情况,及时验证提供的地质资料,并定期通报给煤矿防突机构和采掘区队;遇有较大变化时,应及时通报。根据顶、底板巷道掘进工作面施工情况,及时对工作面前方的瓦斯地质情况做出预报。包括采用打前探钻孔或物探等方法预先探明工作面前方瓦斯地质情况,防止误穿煤层。突出煤层煤巷掘进工作面也应定期对工作面前方进行构造的探测和预报,防止工作面前方遇地质构造,或因构造应力增加而发生突出。

(3)保护层边界通知。采掘工作面距离未保护区边缘 50 m前,防突部门应编制临近未保护区通知单,报矿技术负责人审批后交有关采掘区队,防止采掘作业误入未保护区而造成事故。

(4)防治煤与瓦斯突出的地质工作。① 突出点的地质编录。② 编制突出点分布图。③ 收集瓦斯地质预报资料。④ 分析瓦斯突出与地质条件的关系。⑤ 编制瓦斯突出分区预测图。

2. 突出煤层采掘作业要求

突出煤层采掘工作面必须有区域措施的保护,采掘作业前应编制防突专项设计,健全和完善安全生产系统和配齐安全设施。取得瓦斯、地质资料,编制采掘作业规程。开工前应组织所有作业人员进行防突专项设计、采掘作业规程、安全管理制度的培训和教育,培训合格后方可上岗作业。突出矿井的入井人员必须携带隔离式自救器。采掘作业过程中还应严格执行下列规定:

(1)班前准备。进入采掘工作面时应认真检查采掘工作面的通风系统、局部通风、防突风门、压风自救系统、瓦斯监控系统、通信系统以及供电系统、供水系统、供风系统;识读测风牌板、瓦斯检查牌板、防突牌板、通风系统与避灾线路图,检查采掘工作面支护和顶板完好状态,准确掌握当班允许推进度和发生各类灾害的撤退线路。

（2）采掘作业。采用爆破破煤的采掘工作面应根据爆破图表和防突牌板确定炮眼布置、炮眼深度、装药量和封堵长度,严格执行"一炮三检"和"三人连锁放炮"制度。突出煤层掘进工作面必须采用一次装药一次爆破。有突出危险的采掘工作面爆破破煤前,所有不装药炮孔都应用不燃性材料全部封堵。

掘进工作面与煤层巷道交叉贯通前,被贯通的煤层巷道必须超过贯通位置,其超前距不得小于 5 m,贯通点周围 10 m 内的巷道必须加强支护。在掘进工作面与被贯通巷道距离小于 60 m 作业期间,被贯通巷道不得安排作业,并保持正常通风,且爆破时不得有人。在突出煤层外的所有掘进巷道距离突出煤层最小法向距离小于 10 m(地质构造带 20 m)时,必须边探边掘,验证地质资料,随时掌握施工动态和围岩变化情况,防止误穿突出煤层。

突出煤层采煤工作面应尽可能采用刨煤机或浅截深采煤机采煤,严禁采用放顶煤采煤法、水力采煤法、倒台阶采煤法和其他非正规采煤法采煤。在同一突出煤层正在采掘的工作面应力集中范围内,不得安排其他工作面进行开采或者掘进。具体范围由矿技术负责人确定,但不得小于 30 m。突出煤层的掘进工作面应当避开邻近煤层采煤工作面的应力集中范围。突出煤层采掘工作面严禁使用风镐、手镐作业或撬挖煤壁。突出煤层炮掘和炮采工作面,必须使用安全等级不低于三级的煤矿许用含水炸药。在突出煤层的煤巷中安装、更换、维修或回收支架时,必须采取预防煤体垮落而引起突出的措施。采掘工作面必须有专职瓦斯检查作业人员随时检查瓦斯,掌握突出预兆。当发现有突出预兆时,瓦斯检查作业人员有权停止工作面作业,协助班组长立即组织人员按避灾路线撤出并报告矿调度室。

（3）石门揭煤。石门揭煤应采用一次全断面揭穿煤层,如果未能一次揭穿煤层,在掘进剩余部分时,必须按远距离爆破的安全要求进行爆破作业。石门揭煤应采用煤矿许用毫秒延期电雷管,电雷管总延期时间不得超过 130 ms,严禁电雷管跳段使用。电雷管使用前应进行导通试验,爆破母线应采用铜芯电缆,尽可能减少接头,采用遥控发爆器起爆。石门揭煤必须由矿技术负责人统一指挥,并有矿山救护队在指定地点值班,爆破 30 min 后矿山救护队员方可进入工作面检查。根据检查结果,确定采取恢复送电、通风、排除瓦斯等措施。

石门采取金属骨架措施揭穿煤层后,严禁拆除或回收骨架。并要求在石门附近 30 m 范围内掘进煤巷时,必须加强支护。

3. 突出矿井的通风系统要求

主要通风机必须实现双回路电源供电,机房必须安装 2 套同等能力的主要通风机,备用通风机应能在 10 min 内启动。通风机房必须有专职人员 24 h 值班,发现异常现象应及时汇报。突出矿井应采用分区式通风或对角式通风,配风量符合要求,并有一定富余量。矿井通风系统必须独立、畅通和可靠。各进回风巷道和采掘工作面的风量、风速符合规定。进回风巷道应随时检查维护,确保巷道断面积不得小于设计断面的 70%;巷道失修率不得大于7%,严重失修率不得大于 3%。突出矿井通风系统符合《防治煤与瓦斯突出规定》第 23 条要求。

4. 处理突出孔洞的要求

矿井发生煤与瓦斯突出后,为达到抢险救灾、调查事故性质、原因,搞清楚突出的位置、孔洞的大小形状,以及恢复生产等目的,需要清理突出物。由于煤与瓦斯突出都是从煤体深部挤压突出,突出的气流和冲击波对整个巷道中的设施、支护冲击破坏,严重时矿井通风系统都将遭到破坏。在清理突出物之前必须编制专门的安全技术措施,以保证突出物清理过程中的安全。

(1)突出物清理的原则。① 灾区通风控制。灾区内不得停风或反风,防止风流紊乱扩大灾情。如果通风系统和通风设施被破坏,应设置临时的风障、风门及安装局部通风机恢复通风。如因突出造成风流逆转时,要在进风侧设置风障,并及时清理回风侧的堵塞物,使风流尽快恢复正常。恢复突出区域通风时,要设法经最短的路线将瓦斯引入回风道。排风井口 50 m 范围内不得有火源,并设专人警戒、监视。② 灾区电源控制。灾区内停送电必须慎重。如果灾区不会因停电造成被水淹的危险时,应远距离切断灾区电源。如果灾区因停电有被水淹的危险时,应加强通风,特别要加强电气设备的通风,做到送电的设备不停电,停电的设备不送电,防止产生火花引起爆炸。③ 灾区瓦斯控制。突出灾区一般通风系统都可能遭到不同程度的破坏。在清理突出物之前,必须先恢复通风系统,检查灾区内所有地点的瓦斯,确保通风系统合理、畅通、可靠,各用风地点的有效风量满足需要,瓦斯不超限。④ 灾区火源控制。灾区内的所有电气设备必须有专人维护管理,杜绝电气失爆。矿灯必须完好,严禁敲打矿灯,严禁金属物相互摩擦撞击。要防止雷管、炸药爆炸。⑤ 防止二次突出。空间过大的孔洞或周壁犬牙交错有冒落危险的孔洞以及突出孔洞应力分布未稳定,附近巷道仍有压力显现时要防止二次突出。煤层倾角大、孔洞大,堆积物太多,一般不应从孔洞内放煤或清理松散煤体,以免再次发生突出。

(2)突出物清理。由于采煤工作面为全负压通风,通风瓦斯管理较容易,因此重点在于独头巷道的清理。突出物清理时应注意 4 个方面的问题:① 通风瓦斯管理。由于突出物的堆积,可能将巷道堵塞无法通风,也无法先排放瓦斯,特别是在独头巷道中。由于突出物是松散体的堆积,在清理时很容易大面积松动,造成巷道局部空间的瓦斯和松散煤体内瓦斯大量涌出,造成瓦斯超限。为解决清理现场的瓦斯超限问题,可以在巷道中设置移动风障,风障的下部连接一根与巷道宽度相应的重量较大的横杆,当松散的煤炭大面积松动时,风障能随着煤炭的大面积松动而自动下滑,将未清理段巷道封闭,防止巷道积聚的瓦斯涌向清理的空间,造成瓦斯超限。② 局部通风。独头巷道清理突出物时,局部通风机风筒出风口与待清突出物之间的距离非常关键。如果风筒出风口与堆积物的距离太近,由于通风压力的作用将堵塞巷道内局部积聚的高浓度瓦斯压出到清理点,造成清理点瓦斯超限;风筒出风口距离堆积物的距离太远,风量不足,又不能将清理点的瓦斯稀释到安全浓度。可根据现场试验,风筒口与清理点的距离以风筒出风口风流的有效射程和清理点的瓦斯不超限为准。③ 顶板管理。由于煤与瓦斯突出,强大的气流和冲击波可能将巷道中的部分支护冲倒或冲垮,在清理突出物的过程中,一是必须注意工作面支护的稳定性;二是必须注意巷道顶帮的围岩是否有危岩、活石,如果发现有危岩、活石应首先考虑采用支护的办法处理,尽可能不采用撬掉活石的处理办法。切不可空顶作业。④ 防止次生突出。突出物清理到临近突出孔洞时,还应注意突出预兆的观察,如巷道顶帮有片落、掉渣、煤壁外鼓,支架有明显的压力显现,背材有断裂声,煤体内有闷雷声、机枪声等突出预兆时,这表明突出孔洞四周的压力分布尚未稳定,极有可能发生二次突出,必须立即停止清理工作,及时将人员撤离到安全的地点;如果突出强度较大,突出孔洞较大,突出孔洞内的煤炭应采用封闭处理,原则上不考虑清理突出孔洞内的煤炭。防止发生次生突出。

(3) 突出孔洞防火处理。煤炭被强大的瓦斯压力梯度挤压破碎,并强行从煤壁中挤出,突出煤炭比较破碎、粒径小、微细粉煤较多、温度高,突出后孔洞内多数都无通风,散热条件差。孔洞内堆积的碎煤温度较高、粉煤粒径小、氧化表面积大,如果不及时处理,很容易发生煤层自然发火。所以,对突出洞孔应考虑采用不燃物填充;孔洞过大不能填充时,应及时密闭突出孔洞,并向密闭内灌注防火浆液,及时降低突出物的温度,隔绝空气,防止突出物产生自然发火。

5. 突出矿井各类人员防突技术培训要求

突出矿井井下所有工作人员必须接受防治突出知识培训,熟悉煤与瓦斯突出的基本规律、煤与瓦斯突出预兆、安全防护措施、自救器的使用方法以及各类灾害的避灾线路等基本知识,经考试合格后,方准上岗。培训时间不得少于 1 个月。对各类人员的培训应符合《防治煤与瓦斯突出规定》第 32 条的要求。

第二节　区域综合防突措施

一、区域防突工作的指导思想

防突工作坚持区域防突措施先行、局部防突措施补充的原则。区域防突工作应当做到多措并举、可保必保、应抽尽抽、效果达标是区域防突工作的指导思想。

1. 多措并举

人类对煤与瓦斯突出机理的研究已有 200 年历史,煤与瓦斯突出机理达数十种。从机理分析煤与瓦斯突出是一种非常复杂的动力现象。国家安全生产监督管理总局和国家煤矿安全监察局颁布了《防治煤与瓦斯突出规定》等行业标准,要求严格执行两个"四位一体"的综合防突措施。多措并举要求无论是区域预测手段和方法,还是各种类型的区域防突措施,都要尽可能地不要过分依靠单一的指标、方法、措施,要尽可能多用几种,以提高防突措施的可靠性。

2. 可保必保

可保必保就是有开采保护层条件的必须开采保护层。

开采保护层是国内外广泛应用的最简单、最有效和最经济的防突措施。由于保护层先行开采后,其周围岩层及煤层会向采空区方向移动、变形,使保护范围内地应力降低,突出煤层膨胀变形,透气性大幅度增加,瓦斯可得以解吸排放;瓦斯解吸排放后,瓦斯压力降低,煤的机械强度提高,突出煤层的突出危险性就会降低或消除。

3. 应抽尽抽

应抽尽抽就是对可能进入采掘空间、对安全有威胁的瓦斯,都要尽最大可能实施抽采,以降低煤层的瓦斯含量。瓦斯抽采应当做到地面抽采与地下抽采相结合,因地制宜、因矿制宜,把矿井(采区)投产前的预抽采、采动层抽采、边开采边抽采、采空区抽采等措施结合起来,全面实现立体综合瓦斯抽采。

根据国家安全生产监督管理总局、国家发展和改革委员会等部门组织制定的《煤矿瓦斯抽采达标暂行规定》(安监总煤装〔2011〕163号)要求,有下列情况之一的矿井必须进行瓦斯抽采,并实现抽采达标:

(1) 开采有煤与瓦斯突出危险煤层的。

(2) 一个采煤工作面绝对瓦斯涌出量大于 5 m^3/min 或者一个掘进工作面绝对瓦斯涌出量大于 3 m^3/min 的。

(3) 矿井绝对瓦斯涌出量大于或等于 40 m^3/min 的。

(4) 矿井年产量为 1.0~1.5 Mt,其绝对瓦斯涌出量大于 30 m^3/min 的。

(5) 矿井年产量为 0.6~1.0 Mt,其绝对瓦斯涌出量大于 25 m^3/min 的。

(6) 矿井年产量为 0.4~0.6 Mt,其绝对瓦斯涌出量大于 20 m^3/min 的。

(7) 矿井年产量等于或小于 0.4 Mt,其绝对瓦斯涌出量大于 15 m^3/min 的。

4. 效果达标

效果达标就是要通过瓦斯抽采,使吨煤瓦斯含量、煤层的瓦斯压力、矿井和工作面瓦斯抽采率、采掘过程中瓦斯含量,达到《煤矿瓦斯抽采基本指标》(AQ 1026—2006)规定的标准。

煤与瓦斯突出矿井要严格按照《煤矿瓦斯抽采达标暂行规定》和《煤矿瓦斯抽采基本指标》的要求,落实矿井瓦斯抽采工作,制定瓦斯先抽后采的措施,煤层瓦斯抽采工程要做到与采掘工程同时设计、超前施工、超前抽采,保持抽采达标煤量和生产准备及开采煤量基本平衡。所有突出矿井必须实施区域预抽,突出煤层突出危险区域的采掘工作面必须经预抽后,瓦斯含量和瓦斯压力应达到《煤矿瓦斯抽采基本指标》的规定要求,否则严禁采掘作业。煤层瓦斯抽采量、抽采率以及瓦斯抽采效果必须满足以下要求:

(1) 突出煤层工作面采掘作业前,必须将控制范围内煤层瓦斯含量降到始突深度瓦斯含量以下或将瓦斯压力降到始突深度煤层瓦斯压力以下。若未考察出煤层始突深度的煤层瓦斯含量或压力,则必须将煤层瓦斯含量降到 8 m³/t 以下,或将煤层瓦斯压力降到 0.74 MPa 以下。

(2)瓦斯涌出量主要来自于邻近层或围岩的采煤工作面,采煤工作面瓦斯抽采率应满足表 7-1 的规定。如果瓦斯涌出量主要来自于开采层的采煤工作面,工作面前方 20 m 以上范围内煤层可解吸瓦斯量必须满足表 7-2 的规定。矿井瓦斯抽采率应满足表 7-3 的规定。

表 7-1　　　　　　　　采煤工作面瓦斯抽采率

工作面绝对瓦斯涌出量 $Q/m^3 \cdot min^{-1}$	工作面抽采率/%	备注
$5 \leqslant Q < 10$	$\geqslant 20$	
$10 \leqslant Q < 20$	$\geqslant 30$	
$20 \leqslant Q < 40$	$\geqslant 40$	
$40 \leqslant Q < 70$	$\geqslant 50$	
$70 \leqslant Q < 100$	$\geqslant 60$	
$100 \leqslant Q$	$\geqslant 70$	

表 7-2　　　　　　　　采煤工作面采前可解吸瓦斯量

工作面日产量/t	可解吸瓦斯量 $W_j/m^3 \cdot t^{-1}$	备注
$\leqslant 1\,000$	$\leqslant 8$	
$1\,001 \sim 2\,500$	$\leqslant 7$	
$2\,501 \sim 4\,000$	$\leqslant 6$	
$4\,001 \sim 6\,000$	$\leqslant 5.5$	
$6\,001 \sim 8\,000$	$\leqslant 5$	
$8\,001 \sim 10\,000$	$\leqslant 4.5$	
$> 10\,000$	$\leqslant 4.0$	

表 7-3 矿井瓦斯抽采率

矿井绝对瓦斯涌出量 $Q/m^3 \cdot min^{-1}$	矿井抽采率/%	备注
$Q < 20$	$\geqslant 25$	
$20 \leqslant Q < 40$	$\geqslant 35$	
$40 \leqslant Q < 80$	$\geqslant 40$	
$80 \leqslant Q < 160$	$\geqslant 45$	
$160 \leqslant Q < 300$	$\geqslant 50$	
$300 \leqslant Q < 500$	$\geqslant 55$	
$500 \leqslant Q$	$\geqslant 60$	

二、开采保护层

1. 保护层与被保护层

保护层是指为消除或削弱相邻煤层的突出或冲击地压危险而先开采的煤层或矿层。当保护层开采后,在原始地层中形成与采高相等的采空区,由于矿山压力的作用使无任何约束条件的采空区顶、底板产生位移和顶部岩层的冒落,促使邻近煤岩层产生裂隙,突出煤层中的瓦斯和地应力得到大量释放,原具有突出危险的煤层转化为非突出煤层。受到保护层保护的突出煤层称为被保护层。

2. 开采保护层区域防突措施要求

开采保护层是公认最好、最经济的防治煤与瓦斯突出区域措施。在有效保护垂距内存在厚度 0.5 m 及以上的无突出危险煤层,除因距离突出煤层太近,威胁保护层工作面安全或可能破坏突出煤层开采条件的情况外,应首先开采保护层。当煤层群中有几个煤层都可以作为保护层开采时,应综合分析比较,择优开采保护效果最好的煤层;当矿井中所有煤层都有突出危险时,可选择突出危险性较小的煤层作为保护层先开采;当无经济可采煤层作为保护层开采时,可以选择极薄煤层或软岩层作为保护层开采。但采掘前必须采取预抽煤层瓦斯作为区域防突措施,并进行预抽防突效果检验,措施有效后方可进行采掘作业。

根据保护层与被保护层的相对位置可分为开采上保护层与开采下保护层(见图 7-1)。

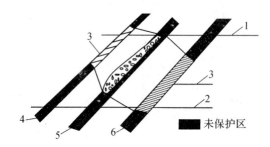

图 7-1　保护层与被保护层相对位置

1——回风水平；2——运输水平；3——保护区；4——上部被保护层；
5——保护层；6——下部被保护层

根据保护层与被保护层之间的垂距 h 可将保护层分为近距离、中距离、远距离保护层。当 h 等于或小于 10 m 时为近距离保护层，h 为 10～50 m 时为中距离保护层，h 大于 50 m 为远距离保护层。随着保护层与被保护层之间的垂距增大，其保护效果有所降低，根据现场开采实践证明，通常保护层与被保护层之间的有效垂距如表 7-4 所示。

表 7-4　　　　　　保护层与被保护层之间的有效垂距

煤层类别	最大有效垂距/m	
	上保护层	下保护层
急倾斜	<60	<80
缓倾斜和倾斜	<50	<100

为了提高保护效果，在开采保护层时，应同时抽采被保护层的瓦斯。尤其是开采远距离保护层时，抽采被保护层的瓦斯就显得更为重要。突出矿井应优先选择开采上保护层，没有上保护层开采时，也可选用下保护层，但开采下保护层时不得破坏被保护层。

3. 开采保护层防治煤与瓦斯突出原理

保护层开采后，煤层顶底板失去了约束条件，必然会产生相对位移,导致顶板和底板产生大量的裂隙,进而发生顶板冒落。保护层开采空间顶、底板岩石和被保护层就会产生膨胀变形,原有裂隙将进一步张开,并形成新的裂隙,使被保护煤层透气性增强,提高了煤层瓦斯排放能力。同时,也使被保护层的应力明显降低。开采保护层防治煤与瓦斯突出原理如图 7-2 所示。

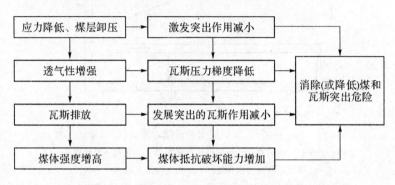

图 7-2 开采保护层防治煤与瓦斯突出原理

4. 保护范围的确定

矿井每个采区首次开采保护层时,必须编制被保护层保护效果及保护范围考察设计,进行保护效果及保护范围的实际考察与验证。保护范围考察内容应包括走向保护范围、倾向保护范围、层间保护范围和煤(岩)柱影响范围;保护效果考察内容应包括被保护层卸压瓦斯抽采效果和保护效果的验证。保护效果及保护范围考察参数至少应包括:被保护层原始瓦斯压力和原始瓦斯含量;被保护层残余瓦斯压力和残余瓦斯含量;被保护层卸压瓦斯抽采量;被保护范围内煤层或工作面采掘作业中实际消除突出效果检验。

(1)保护范围考察方案。走向和倾向保护范围考察方法因煤层的赋存情况,保护层与被保护层的相对位置关系和被保护层卸压瓦斯抽采方法等不同而不同。所以,保护层保护范围的考察,首先需要考虑切实可行的考察方案。如果布置有底板瓦斯抽采巷道,开采煤层为倾斜或缓倾斜,可利用底板瓦斯抽采巷道和布置一条专用底板下山,并分别在底板巷道和下山内适当位置各布置一组考察钻孔,通过测定被保护层原始瓦斯压力和残余瓦斯压力来确定走向和倾向的保护范围。保护层保护范围考察方案如图 7-3 所示。

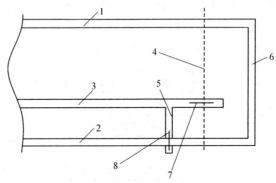

图 7-3　保护层保护范围考察方案

1——保护层回风巷;2——保护层运输巷;3——底板瓦斯抽放巷;
4——预计走向保护边界线;5——测压专用下山;6——切眼;
7——1、2、3 井走向边界考察钻孔;8——4、5、6 井倾向边界考察钻孔

(2)走向考察钻孔布置。考察钻孔布置在开切眼或停采线附近预计保护边界线两侧,对被保护层沿走向保护范围的预计边界线可按卸压角为 $56°\sim60°$ 划定。$1^{\#}$ 钻孔布置在保护层预计保护边界线内 15 m 的位置,$2^{\#}$ 钻孔布置在预计保护边界线处,$3^{\#}$ 钻孔布置在预计保护边界线外 15 m。通过 3 个不同位置保护层的原始瓦斯压力和残余瓦斯压力的测定和对比,可以得出走向保护范围的真实边界线。走向考察钻孔布置如图 7-4 所示。

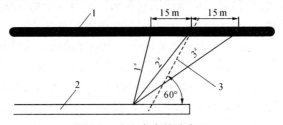

图 7-4　走向考察钻孔布置

1——被保护层;2——底板瓦斯抽采巷道;3——预计保护边界线;
$1^{\#}$、$2^{\#}$、$3^{\#}$——测压孔

（3）倾向考察钻孔布置。将考察钻孔布置在倾斜下方预计保护边界线两侧按卸压角划定,卸压角 d 与煤层倾角 α 有关,详见《保护层开采技术规范》(AQ 1050—2008)。4# 钻孔布置在保护层预计倾向保护边界线外 15 m 的位置,5# 钻孔布置在预计保护边界线处,6# 钻孔布置在预计倾向保护边界线内15 m。通过 3 个不同位置保护层的原始瓦斯压力和残余瓦斯压力对比,可以得出倾向保护范围的实际边界线。倾向考察钻孔布置如图 7-5 所示。

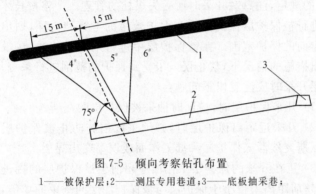

图 7-5　倾向考察钻孔布置
1——被保护层;2——测压专用巷道;3——底板抽采巷;
4#、5#、6#——钻孔

（4）被保护层瓦斯压力测定。在保护层开采前,在预计保护范围内,从底板巷道向被保护层打穿层钻孔,安装测压装置测定的煤层瓦斯压力,就是被保护层原始瓦斯压力。在保护层开采和抽采被保护层卸压瓦斯后,被保护层的瓦斯压力就会逐步下降,当压力表的读数下降到某一个数值后不再继续下降,测压装置显示的瓦斯压力就是被保护层的残余瓦斯压力。

（5）被保护层原始瓦斯和残余瓦斯含量考察。使用测定的被保护层原始瓦斯压力和残余瓦斯压力,再用以下公式就可以计算出被保护层原始瓦斯含量和残余瓦斯含量。

$$W = \frac{apb}{1+bp} \cdot \frac{100-A_d-M_{ad}}{100} \cdot \frac{1}{1+0.31M_{ad}} + \frac{10\pi p}{\gamma}$$

式中　W——原始或残余瓦斯含量,m^3/t;

　　　a,b——吸附常数;

p——原始或残余瓦斯压力，MPa；

A_d——煤的灰分，%；

M_{ad}——煤的水分，%；

π——煤的空隙率，m^3/m^3；

γ——煤的密度。

5. 开采保护层的注意事项

保护层开采应严格遵守《煤矿安全规程》和《保护层开采技术规范》的规定，注意对开采时所丢失煤柱的管理。严格按技术规范要求进行被保护层保护范围和保护效果的考察和论证，划出沿倾斜和走向的保护范围。在被保护层中进行采掘作业时，在没有防治突出措施的情况下，禁止误入未受到保护的范围进行采掘作业。保护层开采时应注意以下问题：

（1）开采保护层时，应同时抽采被保护层的瓦斯。

（2）开采近距离保护层时，必须采取措施防止被保护层初期卸压瓦斯突然涌入保护层采掘工作面或误穿突出煤层。

（3）正在开采的保护层工作面应超前于被保护层的掘进工作面，其超前距离不得小于保护层与被保护层层间垂距的 3 倍，且不得小于 100 m。

（4）开采保护层时，采空区内不得留有煤（岩）柱。特殊情况下需要留设煤（岩）柱时，必须经煤矿企业技术负责人批准，并做好记录，在采掘工程平面图上准确标注。

（5）保护层开采厚度等于或小于 0.5 m、上保护层与突出煤层间距大于 50 m 或下保护层与突出煤层间距大于 80 m 时，必须对保护效果进行验证。

（6）保护层采空区内的支护材料必须全部撤出，采空区内避免一切可能的充填物，以保持被保护层充分卸压。

（7）保护层的作用时间，特别是层间距较大的保护层作用时间要经过考察后确定。根据重庆松藻矿区实践经验，为使保护层充分卸压，保护层提前开采的时间一般应在半年以上。

三、预抽煤层瓦斯

（一）预抽煤层瓦斯的目的

虽然开采保护层是公认最有效的区域防突措施，但其应用有一定的局限性。一方面有的矿井无保护层开采，或保护层与被保护层间距过大，保护效果不明显；另一方面若作为保护层开采的煤层本身就具有突出危险。因此，必须寻求一种无保护层开采的区域防突措施。全国煤矿预抽煤层瓦斯实践证明，预抽煤层瓦斯同样可以达到区域性防突的目的。

（二）预抽煤层瓦斯防突措施的作用原理

在原始煤体中施工抽采钻孔，由于地应力的作用，钻孔产生收缩变形，钻孔直径周围产生裂隙，使地应力得到一定程度的释放；突出煤层预抽瓦斯后，瓦斯压力降低，产生突出的压缩瓦斯潜能大部分被释放。随着抽采时间增长，煤层内瓦斯抽采越多，发生收缩变形量就越大；同时，煤层透气性系数逐渐增大，瓦斯压力梯度逐步下降，进而降低了地应力，减少了形成突出的另一个能源。实践证明，预抽煤层瓦斯释放了瓦斯潜能和地层应力，使煤体相对变硬，强度相对提高，增强了抗破碎的能力，起到了阻止突出发生的作用。

（三）预抽煤层瓦斯钻孔布置

1. 穿层钻孔布置

通过煤层顶底板开掘巷道向被抽采煤层打钻孔进行瓦斯抽采，以降低被抽采煤层在采掘过程中瓦斯涌出量和突出危险性，或者是减少邻近层涌向开采层的瓦斯。钻孔布置有 2 种方式：顶、底板岩石巷道中每间隔一定距离施工瓦斯抽采专用钻场，采用扇形钻孔控制整个预抽区段；在顶、底板岩石巷道中直接施工抽采钻孔，呈排、呈列矩形布置。突出矿井一般都采用在底板巷道中布置瓦斯抽采钻场，施工扇形穿层钻孔预抽煤层瓦斯。

为了抽采邻近煤层的卸压瓦斯，在预抽钻孔设计、施工时应特别注意：一是为了解决首采煤层巷道掘进时期瓦斯超限，可将部分预抽钻孔穿透首采煤层的上、下平巷掘进条带；二是为抽采邻近层的卸压瓦斯，部分钻孔不能穿透首先开采的煤层，只能终孔在邻近煤层,如图 7-6 所示。首采层开采后,便于抽采邻近层的卸压瓦斯。

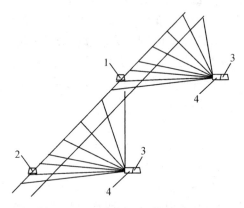

图 7-6　底板穿层钻孔布置

1——首采层风巷;2——首采层机巷;

3——底板巷道;4——抽采钻场

　　穿层钻孔抽采半径应根据开采煤层透气性系数、采掘工作面需要接替时间等综合分析确定,一般顶底板穿层预抽钻孔间距为 5～10 m。煤层透气性好,采掘接替不十分紧张,则可选择大值;反之,则应选择小值。钻孔的长度以穿过整个待抽煤层的厚度为准。钻孔控制范围应根据煤层的倾角确定,倾斜、急倾斜应控制在巷道上帮轮廓线外至少 20 m,下帮至少 10 m,其他倾角的煤层应控制在巷道两侧轮廓线外至少各 15 m。采煤工作面的抽采钻孔应控制整个工作面的斜长。

　　2. 顺层钻孔布置

　　(1)掘进条带顺层钻孔布置。掘进工作面顺层钻孔布置有 3 种方式:第 1 种布置方式是在掘进工作面的两帮每间隔一定距离布置瓦斯抽采专用钻场,钻孔在钻场中施工,这种布置方式可以做到巷道掘进和抽采钻孔施工同时作业,称为边掘边抽,如图 7-7 所示。

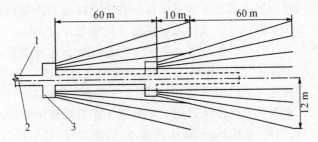

图 7-7　掘进工作面顺层钻孔布置方式一

1——巷道轮廓线；2——巷道中心线；3——抽采钻场

　　第 1 种布置方式适用于突出煤层掘进工作面作为区域防突措施使用，巷道两帮都按《防治煤与瓦斯突出规定》得到了控制。上一茬与下一茬措施孔必须保留 10 m 的距离作为安全超前距。这种布置方式巷道施工的辅助服务费相对较低；但钻场掘进工程量较大，支护材料占用较多。

　　第 2 种布置方式是在掘进巷道的两帮交错布置钻场，钻孔仅控制了掘进工作面的某一侧帮，而另一侧帮未能得到有效控制，如图 7-8 所示。这种布置方式只能减少掘进工作面的瓦斯涌出量，而不能解决掘进工作面的突出问题。所以，这种布置方式不能作突出煤层掘进工作面区域防突措施使用。钻孔压茬关系与第 1 种布置方式相同。

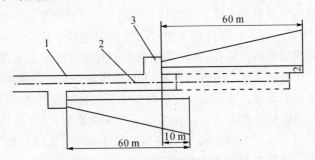

图 7-8　掘进工作面顺层钻孔布置方式二

1——巷道轮廓线；2——巷道中心线；3——抽采钻场

　　第3种布置方式是在掘进工作面迎头直接施工抽采钻孔,如果是突出煤层掘进工作面作为区域防突措施使用时,钻孔长度不得小于 60 m,两茬钻孔之间压茬不得小于 10 m。这种布置方式,1个掘进队需占用2个掘进工作面,工作面交替掘进。当第1个掘进工作面施工顺层抽采钻孔时,第2个掘进工作面处于正常掘进状态。由于1个掘进队占用2个掘进工作面交替作业,占用的风水管道、钢轨、电缆、通风等生产设备、设施较多,巷道施工辅助服务费相对较高。但有不需要施工抽采钻场,掘进工程量少,支护材料占用少等优点,所以现场采用这种布置方式的较多。

　　掘进条带顺层钻孔孔径一般为 64 mm 或 75 mm,钻孔间距为 3 m,钻孔深度根据钻机钻进能力、掘进队单进水平综合分析确定。但钻孔最小深度不得小于 60 m。巷道两帮控制范围:倾斜、急倾斜煤层巷道上帮轮廓线外至少 20 m,下帮至少 10 m;其他为巷道两侧轮廓线外至少各 15 m。

　　(2)采煤工作面顺层钻孔布置。采煤工作面顺层钻孔一般沿煤层倾斜方向布置,煤层厚度在 2 m 及以下时,沿层面单排平行布置,如果煤层厚度较大时,可呈双排或双排交叉布置。当采用交叉布置时,为防止钻孔与钻孔之间漏气,要求两排钻孔交叉点处的间距应不少于钻孔直径的 5~8 倍。

　　采煤工作面抽采钻孔间距一般为 1~5 m,现场选用时应根据煤层透气性系数及采煤工作面接替时间确定。当煤层透气性系数大、接替时间较长时可选用大值;反之,则应选择小值。但开切眼附近必须加密抽采钻孔,强化瓦斯抽采。其主要原因是采煤工作面从开切眼向采区上山方向推进,开切眼附近抽采时间相对较短,瓦斯抽采不充分。钻孔直径应根据煤层瓦斯含量、透气性系数、煤与瓦斯突出危险程度确定。如果煤层瓦斯含量较大,透气性等于或小于 $0.1 \ m^2/MPa^2 \cdot d$,突出危险性较小时,采用 90~130 mm 的钻孔。如果煤层突出危险性较大时,应选用 64~75 mm 的钻孔。钻孔长度以工作面长度为准,钻孔终孔点应距离风巷或机巷 10~15 m,防止钻孔与风巷或机巷的距离过小而产生漏气现象。

（四）提高煤层预抽瓦斯效果的途径

煤层瓦斯预抽效果的好坏是制约采掘生产的关键问题，预抽效果达标，不仅能消除煤与瓦斯突出，采掘生产也不会因瓦斯超限而受到影响。反之，则安全无保障，采掘生产将受到严重制约。提高煤层瓦斯预抽效果，减少瓦斯涌出量，防治煤与瓦斯突出，保障矿井安全生产，是煤矿必须攻克的技术课题。从 20 世纪 60 年代开始，科研院所与煤炭企业合作研究了煤层注水、水力压裂、水力割缝、松动爆破、大直径钻孔、网格式密集布孔、预裂控制爆破、交叉布孔等多种强化抽采开采煤层瓦斯的方法，多数方法取得了较好的效果。提高煤层瓦斯预抽效果的途径有：

1. 推广应用先进的抽采方法

（1）交叉钻孔预抽煤层瓦斯。煤层松软、厚度大、突出危险性较大时，可采用交叉钻孔预抽煤层瓦斯。由于在煤层的竖直面上实施了两排钻孔，钻孔数量多、抽采影响范围增大经现场试验表明，交叉钻孔瓦斯自然排放量是平行孔的 1.23 倍，衰减系数低于平行孔，钻孔初始百米抽采量是平行孔的 1.2 倍。随着抽采时间的延续，交叉钻孔抽采率高于平行孔。

（2）大直径钻孔预抽煤层瓦斯。在煤层硬度系数较大，突出危险性不大时，可采用大功率强力钻机、螺旋钻杆排渣工艺，将钻孔直径提高到 120 mm 及以上。增大钻孔直径，就是增大瓦斯排放面积；同时钻孔直径大，收缩变形空间大，煤层变形量大，煤层瓦斯排放量和地应力释放量也相应增大。根据四川芙蓉矿区现场实测，120 mm 钻孔比 75 mm 钻孔瓦斯抽采单孔流量可提高 2～4 倍。

（3）巷道加钻孔预抽煤层瓦斯。此方法是 20 世纪 50 年代辽宁抚顺矿区的一种成功抽采瓦斯方式。通过长期抽采实践，其巷道预抽瓦斯方式也在不断地发展和完善。目前，巷道预抽瓦斯大致有两种方式：一是本煤层巷道加钻孔预抽瓦斯，在采煤工作面机巷、风巷和开切眼构成后，立即在机巷或风巷施工顺层钻孔，钻孔可采用木楔暂时堵孔，钻孔施工完成后，在抽采前取掉钻孔木楔，采用密闭将工作面机巷和风巷封闭,并在回风侧密闭安装抽采管道抽采煤层瓦斯。但此法必须保证密闭不漏风、不漏气。这种预抽方法省去了封孔材料、封孔工时,简化了抽采管理。而且煤层暴露面积大,不存在因封孔质量不好而造成漏气达不到抽采效果的问题。二是在顶、底板专用瓦斯抽采岩石巷道中施工穿层钻孔预抽煤层瓦斯。

2. 提高抽采设计和钻孔施工质量

预抽钻孔设计应根据煤层的厚度、倾角、瓦斯含量、透气性系数以及采掘接替时间等合理确定钻孔抽采半径、抽采巷道距煤层距离、钻孔应控制范围、钻孔开口点和终孔点三坐标参数等数据认真测算每个钻孔的方位、倾角和深度,确保设计钻孔分布均匀、控制范围准确,钻孔必须按照钻孔设计施工图放线施工。

3. 提高煤层的透气性

当煤层透气性较低,在难以抽采煤层中预抽煤层瓦斯时,应采用增透措施提高煤层瓦斯预抽效果。当煤层硬度系数较大,可采用水力压裂、预裂爆破等增透措施;当煤层较松软时,可选用密集钻孔、交叉钻孔、大直径钻孔等措施增大瓦斯排放面积和抽采影响范围,达到提高预抽煤层瓦斯的目的。

4. 强化抽采管理

瓦斯抽采矿井应成立瓦斯抽采队伍,配齐相应的管理人员,建立健全瓦斯抽采管理规章制度和奖惩办法。定期检查维护抽采供电、供水以及抽采设备和管网系统,确保系统 24 h 正常运转。专人负责抽采系统放水、排渣和抽采参数检测及负压调整;负责钻孔方位、倾角、深度等竣工验收和封孔质量检查,确保钻孔施工和封孔质量符合设计要求。

第三节　局部综合防突措施

《防治煤与瓦斯突出规定》要求,石门揭煤工作面的防突措施包括预抽瓦斯、排放钻孔、水力冲孔、金属骨架、煤体固化或其他经试验证明有效地措施,立井揭煤工作面则可以选用其中除水力冲孔外的各项措施。金属骨架、煤体固化措施,应在采用了其他防突措施并检验有效后方可在揭开煤层前实施。斜井揭煤工作面的防突措施应参考石门揭煤工作面防突措施进行。

一、预抽瓦斯

预抽瓦斯是通过向局部区域煤层施工钻孔,并利用抽采系统进行瓦斯抽采,以加快瓦斯排放速度,缩短排放时间的局部防突措施。

1. 防突原理

在采掘工作面作业前预先抽采工作面煤层瓦斯,使采掘工作面瓦斯含量降低,瓦斯压力得到进一步释放。煤层中布置大量钻孔,由于地应力作用促使钻孔收缩变形,煤层透气性系数增大,煤层内瓦斯抽采增多,煤体相应发生收缩变形,进而降低地层应力。采掘工作面预抽煤层瓦斯起到了区域防突措施的补充作用,有效地削弱或消除了被抽煤层的突出危险性。

2. 使用条件

局部防突措施采用预抽煤层瓦斯时,一般适用于煤层赋存较稳定、厚度大、瓦斯含量高、突出危险性较大的采煤工作面和煤层平巷掘进工作面。如果赋存不稳定的中厚以下煤层,往往出现钻孔进入顶板或底板岩层,钻孔施工长度有限,无法满足采掘工作面推进度的需要,达不到防治煤与瓦斯突出的目的。

3. 施工方法

工作面采用预抽煤层瓦斯作为局部防突措施时,钻孔施工除不影响采掘生产外,其钻孔施工速度应满足采掘生产进度要求,瓦斯抽采量必须符合规定。所以,可采用大功率强力钻机,钻孔直径不宜过大,一般可用直径为 75 mm 钻孔,以提高钻孔施工速度。如果采用直径为 120 mm 钻孔时,必须编制专门的防突措施,防止诱发煤与瓦斯突出。

钻孔间距应根据煤层瓦斯含量、透气性系数、采掘工作面的推进速度等因素合理选择。但在采煤工作面切眼附近应缩小钻孔间

距,缩短抽采达标的时间,确保开切眼掘进和工作面初采的安全。煤
层掘进工作面遇落差超过煤层厚度的断层,应按石门揭煤的措施
执行。

采煤工作面选用预抽煤层瓦斯局部措施时,可在机巷沿煤层
施工倾斜平行钻孔;煤巷掘进工作面选用预抽煤层瓦斯局部措施
时,可直接在掘进工作面的迎头施工顺层钻孔。为了减少对掘进
的影响,可在巷道两帮施工瓦斯抽采专用钻场和钻孔。

4. 技术标准

预抽煤层瓦斯钻孔控制范围。采煤工作面超前钻孔预抽煤层
瓦斯时,一般都在机巷沿煤层施工倾斜平行钻孔,所以,钻孔控制
范围为整个工作面的宽度,开切眼煤柱侧不少于 7 m;掘进工作面
采用超前钻孔预抽煤层瓦斯时,近水平、缓倾斜煤层巷道轮廓线外
不少于 5 m,倾斜、急倾斜煤层上帮不得小于 7 m,下帮不少于
3 m。当煤层厚度大于巷道高度时,在垂直煤层方向上的巷道上部
煤层控制范围不得小于 7 m,巷道下部不小于 3 m。

二、排放钻孔

排放钻孔是通过钻机向煤层施工大量钻孔的局部防突措施。

1. 防突原理

在采掘工作面向煤层施工一定深度的钻孔,排放煤粉和煤层
瓦斯、钻孔收缩变形,使应力集中带向工作面深部转移;同时,由于
钻孔排放瓦斯与收缩变形使钻孔段的地应力也得到部分释放,从
而削弱或消除了煤与瓦斯突出危险性。

2. 使用条件

排放钻孔适用于中厚以下薄煤层,且煤层较松软、瓦斯含量
低,煤层透气性好,具有相当的自排能力。如果煤层较坚硬,自排
能力差则不宜采用。自然排放就是在没有任何驱动力的情况下,
靠瓦斯自身压力自然排出孔口。这就意味着煤层瓦斯压力克服瓦
斯黏滞力和钻孔阻力后,还要大于该处的空气压力才能排出孔口。

3. 施工方法

采掘工作面自然排放钻孔原则上是在区域措施验证有突出危

险性的区域进行布置,并经措施效果检验消除突出危险后,再开采或掘进的局部措施。所以,采煤工作面为简化钻机的安装和搬迁等工艺,选用 42 mm 的小直径钻孔,掘进工作面可采用直径为 42～75 mm 的钻孔。排放钻孔在煤壁上直接向煤体前方施工,钻孔应均匀分布,软煤分层中应加密钻孔。钻孔间距应根据排放半径确定,钻孔深度应根据采掘循环进度确定,采煤工作面一般为 3～6 m,掘进工作面一般为 8～12 m。采掘工作面若遇断层等地质构造带,应力集中带应缩小措施孔的间距。若突出煤层掘进工作面遇落差超过煤层厚度的断层,应按石门揭煤的措施执行。

4. 技术标准

排放钻孔控制范围同预抽钻孔。但还应注意,当工作面遇煤层赋存状态发生变化时,应及时探明情况,重新确定排放钻孔的参数。钻孔施工前,应加强工作面的支护,打好迎面支架,背好工作面煤壁。

三、水力疏松

水力疏松是通过钻机向工作面前方煤体施工钻孔,通过注水湿润煤体,促进煤体瓦斯解吸和排放的局部措施。

1. 防突原理

水力疏松防突是通过采掘工作面钻孔向煤体内进行高压注水,水在压力作用下破坏煤体,促使煤层近工作面部分卸压和排放瓦斯;同时湿润煤体,降低煤体的弹性,增强煤体塑性,使集中应力向工作面深部转移,达到快速消除突出的目的。

2. 使用条件

根据《防治煤与瓦斯突出规定》第 87 条规定,下山掘进时,不得选用水力冲孔、水力疏松措施。倾角 8°以上的上山掘进工作面不得选用松动爆破、水力冲孔、水力疏松措施。另外,孔隙率小于 3%的煤层不宜采用水力疏松防突措施,因为孔隙率低,高压水难于进入煤体内部,水楔作用消失,难以达到卸压、湿润煤体和消除突出目的。所以,水力疏松只能用于采煤工作面和煤层平巷掘进工作面,且必须经现场实际考察确认其防突效果有效后方可使用。

3. 施工方法

采煤工作面选用煤层疏松注水措施时,利用煤电钻在工作面煤壁每间隔 5 m 施工一个直径为 42 mm 的钻孔,钻孔深度不得小于 4 m;封孔器可选用 SFK 40/19 型封孔器封孔。并利用采煤工作面的乳化液泵站注水,泵站压力完全能满足煤层注水压力的要求。注水量以观察到煤壁挂汗为止。

掘进工作面选用水力疏松措施时,必须安装由注水泵、压力表、流量控制器、水表、高压胶管和封孔器构成的高压注水系统。掘进工作面钻孔数量应根据巷道断面大小,一般施工 2～3 个。孔深应根据掘进循环进度确定,一般为 8～10 m,封孔 2～4 m,注水量以煤壁挂汗或注水压力下降 30% 为止,单孔注水时间不应低于 9 min。

4. 技术标准

采用水力疏松措施时,每个措施循环允许推进度一般不宜超过封孔深度。

四、松动爆破

松动爆破是在采掘工作面向煤体中深部打钻孔并装药起爆的局部防突措施。

1. 防突原理

松动爆破就是向采掘工作面前方应力集中区,施工钻孔装药爆破,人为改变煤层的物理力学性质,增加裂隙,使煤体松动加快瓦斯的排放,促使集中应力区向煤体深部移动,从而在工作面前方造成一定长度的卸压带,以预防突出的发生。

2. 使用条件

松动爆破适用于煤层硬度系数较高,煤层顶底板坚硬、完好、突出危险性较小的工作面。在使用时必须注意控制钻孔间距、装药量、封孔长度。当钻孔间距小、装药量大时,容易诱发煤与瓦斯突出。所以,采用松动爆破措施时,应在条件具备的工作面慎重应用。爆破时必须撤人、断电、设置警戒和反向风门,执行远距离爆破安全技术措施。

3. 施工方法

掘进工作面使用松动爆破时,应有专门爆破设计及爆破说明书。钻孔应布置在工作面上方或中部,能使巷道周边 3 m 以内处于爆破影响半径内。为了避开上一次爆破在煤体所产生的裂隙区,两次爆破之间要留有 1 m 的完好煤体。钻孔必须用炮泥堵严,不装药的钻孔必须用炮泥封堵。由于钻孔较长,炸药不易装入孔底,为了防止拒爆或炸药装不到孔底,钻孔应打直,孔壁应光滑。在装药和封堵炮泥时,应防止折断雷管脚线。

4. 技术标准

采煤工作面采用松动爆破防突措施时,炮孔间距根据实际确定,一般 2～3 m,孔深不小于 5 m,封孔长度不得小于 1 m,应当适当控制装药量,以免孔口煤壁垮塌。

煤巷掘进工作面采用松动爆破措施,炮孔深度不得小于 8 m,炮孔应至少控制到巷道轮廓线外 3 m,直径一般为 42 mm,炮孔间距根据松动爆破有效影响半径确定,影响半径应在现场实测。如无实测资料可暂按 3 m 实施,松动爆破装药长度为钻孔长度减去 5.5～6.0 m。

五、金属骨架

金属骨架是一种辅助防突措施,它本质上是加固煤体抵抗突出技术。

1. 防突原理

金属骨架的防突原理是预先加固煤体,提高煤体的机械强度和稳定性;钻孔施工过程中排放部分瓦斯和煤粉,降低煤层应力;在掘进过程中,金属骨架支撑上方煤体重力,阻止煤体突然破坏和离层,抑制煤与瓦斯突出发生。

2. 使用条件

金属骨架适用于松软破碎煤层石门揭煤工作面和平巷掘进工作面。由于金属骨架两端支撑在煤层顶底板的岩石中,需承受巷道顶部和两帮煤体的压力,在缓倾斜和倾斜煤层中会因跨度太大而导致骨架强度不够,在煤层较厚的地区采用该措施时,应高度重视骨架强度不够的问题。金属骨架措施不能大量释放突出潜能,只能在一定程度上抑制突出发生的作用。使用金属骨架措施时，必须在使用了其他防突措施并经效果检验有效后，方可在石门揭煤前使用。

3. 施工方法

石门和立井揭煤工作面金属骨架措施一般在石门上部和两侧或立井周边外 0.5～1.0 m 范围内布置骨架孔。骨架钻孔应穿过煤层并进入煤层顶底板至少 0.5 m，当钻孔不能一次施工至煤层顶板时，则进入煤层深度不应小于 15 m。钻孔间距一般不大于 0.3 m，对于松软煤层要架两排金属骨架，钻孔间距应小于 0.2 m。骨架材料可选用 8 kg/m 的钢轨、型钢或直径不小于 50 mm 钢管，其伸出孔外端用金属框架支撑或砌入硐内。插入骨架材料后，应向孔内灌注水泥砂浆等不燃性固化材料。金属骨架孔应距离煤层法线 2 m 岩柱位置施工，每施工一个骨架孔必须灌入骨架并立即注浆。为防止砂浆收缩造成骨架松动，可在砂浆中适量加入膨胀水泥，其比例以 1∶1.5 为宜。当工作面所有骨架施工完成后至少应自然养护 7 d。

松软煤层的平巷工作面前探支架，一般是向工作面前方打钻孔，孔内插入钢管或钢轨，其长度可按两次掘进循环的长度再加 0.5 m，每掘进一次打一排钻孔，形成两排钻孔交替前进，钻孔间距为 0.2～0.3 m。伸出孔外的前探支架必须用巷道支架固定。

4. 技术标准

无论石门金属骨架还是煤层平巷采用前探支架时，必须配合其他防突措施一起使用。石门揭煤完成后或巷道掘进形成后，金属骨架或前探支架均不得撤除。

六、卸压槽

卸压槽是预先在工作面前方切割出一个缝槽，增加工作面前方卸压范围，以消除突出的局部措施。

1. 防突原理

通过专用开槽装备，在工作面前方开挖卸压槽或在工作面煤体中施工密集钻孔形成卸压槽，破坏煤体的连续性，使卸压槽周围煤体卸压,巷道前方和两帮煤体也得到卸压,应力集中带向煤体深部前移,煤岩层中的弹性潜能释放。在应力释放的同时,煤层透气性增大,煤层瓦斯排放,煤层中瓦斯膨胀能释放。从而达到消除突出的目的。

2. 使用条件

目前,我国煤巷掘进应用的防突措施主要有超前钻孔、松动爆破、卸压槽等,大多为 20 世纪 80 年代以前针对炮掘工艺试验提出的,与现行的综掘机掘进工艺不相适应。以往开挖卸压槽采用钻孔方式,平行布置单排或双排钻孔,孔间距 200～300 mm,开挖卸压槽不连续,卸压效果不充分。同时,施工工艺时间长,卸压槽措施一直未得到广泛应用。随着科学技术的发展,矿井机械化程度越来越高,迫切需要研究解决机采、机掘开采方式的防突问题。通过科研院所和现场大量研究、试验,采用机械开凿卸压槽措施获得成功,使卸压槽防突措施得到了推广应用。

3. 施工方法

煤巷掘进工作面卸压槽开凿有与煤层顶板平行开凿和与巷道帮基本平行开凿 2 种。水平卸压槽开凿采用卸压槽开挖专用装置在巷道中部距顶板适当距离开挖水平槽,槽深 1.5 m,槽宽与巷道宽度相适应,槽高 0.15 m。为了使开挖卸压槽作业始终在卸压带内进行减小开槽作业诱发煤与瓦斯突出危险,开槽可分多个循环进行,每个循环切割深在 0.5 m。竖向卸压槽开凿距离巷道两帮适当距离各开凿一条竖向槽,竖向卸压槽的几何尺寸与水平槽相同。

4. 技术标准

为保证不破坏巷道的轮廓线,开挖时应距离巷道设计轮廓线一定距离,其距离可根据切割钻头直径确定,以不破坏巷道设计轮廓线为准。卸压槽切割的高度不宜太大,一次切割的深度也不能太大,其主要原因是防止在卸压槽切割的过程诱发煤与瓦斯突出。

七、水力冲孔

水力冲孔是以岩柱为安全屏障,向有自喷能力的突出煤层打钻,送入一定压力的水,通过钻头的切割和水射流的冲击,在煤体内形成较大孔洞,从而消除突出的局部措施。

1. 使用条件

水力冲孔适用于松软破碎、严重突出的煤层平巷。由于松软破碎的煤层采用超前钻孔抽排煤层瓦斯时,钻孔施工困难,垮孔卡钻,成孔率低,抽排煤层瓦斯效果差。水力冲孔措施不需要施工钻孔,是在掘进工作面无人的情况下开动水泵,依靠高压水的冲击能力,在掘进工作面前方的煤体中形成一个大尺寸的水力掏槽孔,造成孔两帮和前方煤体充分卸压,提高煤层瓦斯渗透率,大幅度释放煤层瓦斯。《防治煤与瓦斯突出规定》要求,倾角大于 8°的煤层上山和煤层下山不允许采用水力冲孔措施。

2. 作用机理

水力冲孔措施就是依靠高压水的冲击能力,造成掘进工作面前方煤体的破碎,逐渐形成一个大尺寸的水力掏槽孔,孔道周围煤体向孔道方向发生大幅度的移动,造成煤体的膨胀变形和顶、底板间的相向位移,引起在孔道影响范围内地应力降低,煤层得到充分卸压,裂隙增加,使煤层透气性大幅度增高,促进瓦斯解吸和排放,大幅度地释放了煤层和围岩中的弹性潜能和瓦斯的膨胀能,煤的塑性增高和湿度增加,达到既消除了突出的动力,又改变了突出煤层的性质,从而起到在采掘作业时防止煤与瓦斯突出的作用。水力冲孔过程中,水的作用一方面是形成高压水,导致煤壁破碎,形成一个较大的水力掏槽孔,使孔道周围煤体得到充分卸压和瓦斯大幅度排放;另一方面是湿润煤体,减小煤体的脆性,增加可塑性,降低煤体内部的应力集中,增加了防止煤和瓦斯突出的能力,起到综合防突的作用。

3. 工艺流程

(1)水力冲孔工艺。水力冲孔措施是利用高压水在掘进工作面前方形成一个大尺寸的水力掏槽孔,同时引起孔道周围煤体充分卸压,瓦斯渗透率大幅度提高,煤层中的瓦斯得到大幅度释放,从而达到综合防突的目的。具体工艺流程如图 7-9 所示。

(2)设备及管路选型。① 供水泵采用高压水泵,型号为 DG-130×12,电机功率为 1 250 kW,泵压为 16 MPa,流量为 215 m^3/min。

② 水枪可选用 SQ 型水枪。③ 管路选取 150 mm 高压无缝钢管，接头采取高压快速接头。

（3）水枪布置。将水枪布置在距掘进工作面 0.5～1.0 m 处。因为高压水的压力大，水枪必须采用专用支架固定牢固，防止水枪弹动造成意外事故。水枪安置完毕后，掘进工作面所有人员撤到避难硐室内，然后开启高压水泵，向煤壁喷射高压水，喷射时间为 25～30 min。根据硐室内瓦斯浓度监测仪的读数，待瓦斯浓度降为 1％后，进行措施效果检验。

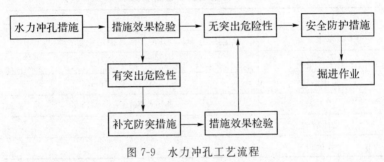

图 7-9　水力冲孔工艺流程

八、水力割缝

水力割缝是在煤层中利用高压水射流对钻孔两侧的煤层进行切割，形成一条扁平缝槽，形成大量裂隙，提高煤层透气性，消除突出危险性的局部措施。

1. 适用条件

水力割缝技术一般适用于煤层透气性低，煤质松软，煤层瓦斯含量大，抽采钻孔施工过程中垮孔严重，瓦斯预抽非常困难的煤与瓦斯突出矿井。

2. 原理

水力割缝原理是在煤层中利用高压水射流对钻孔两侧的煤层进行切割，在煤层中形成一条具有一定深度的扁平缝槽，使煤层应力得到释放，在切割过程中，煤层在地应力的作用下发生不均匀沉降，在煤层中形成大量裂隙，从而达到改善煤层的渗透性的目的。

3. 系统

该系统主要由高压泵站、钻机、配套割缝钻头与钻杆 3 部分组成。高压泵站的作用是提供高压水并具有割缝能力的水射流的能量;钻机的作用是实现打钻和退钻功能;配套割缝钻头、钻杆的主要作用是输送高压水并对煤体形成切割作用。具体包括高压水泵站、高压割缝喷嘴、高压钻杆、高压输水器、高压胶管、压力表、截止阀、瓦斯表等,其主要参数如表 7-5 所示。

表 7-5　　　　　　　　高压水力割缝主要设备参数表

设备名称	主要参数	
高压水泵站	额定压力:31.5 MPa	额定流量:200 L/min
高压输水器	工作压力:130 MPa	
高压钻杆	直径:63.5 mm	
压力表	测压范围:0~50 MPa	
高压胶管	直径:32 mm	
截止阀	直径:13 mm	

4. 实施方法

抽采钻孔施工完毕后,将高压水力割缝钻头送入到煤层指定位置,然后进行水力割缝,实施水力割缝初期,割缝水压保持在 5~10 MPa,钻孔排渣顺畅后,再把割缝水压提高并保持在 20~22 MPa 之间进行水力割缝;换钻杆前,需先关闭截止阀并观察压力表,等水压下降到零时,再慢慢拧开高压钻杆。通过高压水力割缝以增大煤层暴露面积、提高煤层透气性,从而提高抽采效果,缩短抽采达标时间。

5. 实施效果

实施高压水力割缝后,能达到 2 大效果:① 使割缝点附近的煤层局部卸压,产生裂隙,增强煤层透气性;② 利用高压水流将切割下来的煤渣排出钻孔外,增大钻孔内煤体暴露面积。因此,高压水力割缝时割出煤量的多少是决定水力割缝增透效果的关键。

通过重庆松藻煤电公司实践证明,实施高压水力割缝期间,如果高压水压力保持在 20~22 MPa 之间,每个钻孔割缝时间在 20~

90 min,可以割出煤量 90～245 kg,钻孔孔径平均增大 10 倍左右,从而增大抽采钻孔内煤体暴露面积和增强煤层透气性,提高抽采效果。高压水力割缝后平均抽采浓度比未割缝钻孔提高 39%,预抽瓦斯纯量可有效提高 3.73 倍。

九、高压水力压裂

高压水力压裂是通过钻机向煤层施工若干个注水钻孔,然后向煤体内注入高压水以达到消除煤与瓦斯突出的措施。

1. 作用原理

高压水力压裂过程是流体与外力共同作用下煤岩层内部裂隙与裂缝发生、发展和贯通的过程。水力压裂技术是将清水高压注入煤岩层,克服最小主应力和煤岩体的破裂压力,使得煤层中原有裂缝充分张开、延伸、相互沟通,达到导流的目的,从而提高煤层透气性。

在压裂初期施工压力急剧增加,当达到破裂压力后,煤岩体发生破裂,施工压力下降。此时仅出现裂缝破裂,而未充分延伸,需要继续注入清水使裂缝充分延伸,提高增透效果。

2. 主要设备

在实施高压水力压裂前,应形成高压水力压裂期间的供水、供电系统。可把长 1 500 m 左右的排水沟当做临时供水池,并配合移动式抽水泵形成供水系统,满足压裂期间有持续的供水量、供水压力在 0.1 MPa 以上、水流量在 1.5 m^3/min 以上的要求;采用电压为 1 140 V,功率为 400 kW 的井下移动式变频电机。

高压水力压裂设备均位于新鲜空气中,距离压裂孔之间的距离达 100 m 以上,实行远程操作;高压管路要求铺设平直、避免高低起伏,不能出现漏水现象。

高压水力压裂主要设备有高压注水压裂泵、隔爆电器控制柜、孔内厚壁无缝高压钢管、孔外高压软管等;附属设备有水阀、压力表、流量表等。其主要参数如表 7-6 所示。

高压水力压裂装备的连接顺序为:供水管路→压裂泵→高压水管→钻孔内部管路。

表 7-6   压裂泵主要性能参数

型号	额定压力 /MPa	最大流量 /L·min⁻¹	柱塞数	电压 /V	额定功率 /kW	供水要求
HTB 500	50	1 100	3	1 140	400	0.3 MPa 以上
BZW 200/56	56	200	5	1 140	220	0.1 MPa 以上

3. 步骤

(1) 压裂钻孔封孔。压裂钻孔采用直径为 75 mm 钻头开孔，终孔至需要压裂的煤层顶板 3 m，二级扩孔采用直径为 94 mm 钻头，扩孔深度不少于 10 m。

钻孔内压裂管采用内径为 25 mm，壁厚 8 mm 的无缝钢管，每根长 2 m，用直通快速接头进行连接；压裂管前端为 4 m 花管，花管外用纱布包裹；钻孔外压裂管管内径为 25 mm，壁厚为 13 mm，抗压能力不小于 50 MPa，每根长 2 m，与孔内压裂管、三通、管与管之间均采用抗高压接头进行连接。注浆管采用 26.8 mm 钢管，每根钢管长 2 m，两头套丝，采用管箍连接，距孔口 6 m 开始钻孔，一周 3 个孔，不在同一圆周上，孔间距 0.2 m，孔径 8 mm。注浆管口与球阀连接，球阀与注浆泵注浆管连接；注浆时开启球阀，注浆结束后及时关闭球阀。

封孔段外端采用注入聚氨酯封堵的办法，封堵长度不小于 1.5 m，同时在孔口打入木塞，然后采用水泥浆机械封孔，水泥与膨胀水泥混合比例为 3.5 : 1，注浆至煤层底板位置。

(2) 实施高压水力压裂第一阶段的水力压裂过程中，前 10 min 空挡运行，泵组运转正常后，换成 1 挡运行，开始向压裂孔注水。第二阶段注水压裂过程建立在第一阶段已形成大裂隙基础上，1 挡先运行 10 min 后，压力达到 40 MPa，流量达到 17 m³/h，该状态根据需要的压裂半径确定压裂时间，压力波动在 2 MPa。

4. 实施效果

(1) 水力压裂影响范围。通过重庆松藻煤电公司水力压裂实践证明，以压裂孔为中心，水力压裂影响范围达 50～80 m，但其水力压裂影响范围与压裂地点的具体地质条件等有密切关系。

（2）煤层透气性系数。实施水力压裂后，大大提高了煤层的透气性系数，将该煤层的瓦斯抽采程度从较难抽采提高到了可以抽采，甚至是容易抽采，煤层透气性系数及抽采难易程度如表 7-7 所示。

表 7-7　　　　　　　煤层透气性系数及抽采难易程度表

孔号	$\lambda/m^2 \cdot (MPa^2 \cdot d)^{-1}$	β/d^{-1}	抽采难易程度
检验 1	3.63	0.09	容易抽采
检验 2	1.73	0.14	容易抽采
检验 3	0.72	0.48	可以抽采
检验 4	0.75	0.13	可以抽采
压裂前	0.009 9	—	较难抽采

（3）通过收集抽采数据对比分析得出，水力压裂后钻孔单孔抽采流量增大了 4～17 倍，单孔抽采浓度增大了 1～3 倍，单孔抽采瓦斯纯量增大了 10～33 倍。

5. 注意事项

高压水力压裂必须有专门设计并制定切实可行的安全保障措施；否则，极易诱发突出或发生高压设备伤人事故。

复习思考题

一、单选题

1. 保护层超前就是保护层的开采要优先于被保护层提前开采，其超前距离不得小于保护层与被保护层层间垂距（　　）倍，并不得小于 100 m。

　　A. 2　　　　　　　B. 3　　　　　　　C. 4　　　　　　　D. 5

2. 在同一突出煤层同一区段集中应力影响范围内，不得布置（　　）个工作面相向开采或掘进。

　　A. 2　　　　　　　B. 3　　　　　　　C. 4　　　　　　　D. 5

3. 高瓦斯矿井、有煤与瓦斯突出危险的矿井,每个采区和开采容易自燃煤层的采区,必须设置至少( )条专用回风巷。

    A. 1　　　　　　　　B. 2　　　　　　　　C. 3　　　　　　　　D. 4

4. 煤与瓦斯突出矿井每一个采区应布置至少( )条上山,即一条提升上山,一条人行上山,另一条专用回风上山。

    A. 1　　　　　　　　B. 2　　　　　　　　C. 3　　　　　　　　D. 4

5. 采掘工作面距离未保护区边缘( )m前,防突部门应编制临近未保护区通知单,报矿技术负责人审批。

    A. 20　　　　　　　B. 30　　　　　　　C. 40　　　　　　　D. 50

6. 突出煤层炮掘和炮采工作,必须使用安全等级不低于( )级煤矿许用含水炸药。

    A. 一　　　　　　　B. 二　　　　　　　C. 三　　　　　　　D. 四

7. 保护层开采厚度等于或小于( )m、上保护层与突出煤层间距大于50 m或下保护层与突出煤层间距大于80 m时,必须对保护效果进行验证。

    A. 0. 3　　　　　　B. 0. 5　　　　　　C. 0. 8　　　　　　D. 1. 0

8. 孔隙率小于( )%的煤层不宜采用水力疏松防突措施。

    A. 1　　　　　　　　B. 2　　　　　　　　C. 3　　　　　　　　D. 4

9. 松动爆破钻孔应布置在工作面上中部,使巷道周边( )m以内处于爆破影响半径内。

    A. 1　　　　　　　　B. 2　　　　　　　　C. 3　　　　　　　　D. 4

10. 金属骨架钻孔应穿过煤层并进入煤层顶底板至少( )m,当钻孔不能一次施工至煤层顶板时,则进入煤层深度不应小于 15 m。

    A. 0. 3　　　　　　B. 0. 5　　　　　　C. 0. 8　　　　　　D. 1. 0

二、多选题

1. 突出矿井合理的( ),是防止重大煤与瓦斯突出事故的核心和关键问题。

    A. 采掘部署　　　　　　　　　　B. 巷道布置

    C. 开采顺序　　　　　　　　　　D. 瓦斯抽采

2. 突出矿井的生产布局中要求形成"三区配套两超前",三区是指( )。

    A. 开拓区　　　B. 准备区　　　C. 开采区　　　D. 解放区

3. 突出矿井的抽掘采接续关系是否正常,可用( )"四个煤量"来衡量。

    A. 开拓煤量　　　B. 准备煤量　　　C. 保护煤量　　　D. 回采煤量

4. 防突措施应根据（　　　）、层节理发育程度以及巷道布置等情况科学、合理地选择。

    A. 煤层厚度　　　　　　　B. 倾角　　　　　　C. 煤的物理力学性质

    D. 瓦斯含量　　　　　　　E. 地质构造

5. 石门揭煤工作面的防突措施可选用（　　　）或其他经试验证明有效的措施。

    A. 预抽瓦斯　　　　　　　B. 排放钻孔　　　　　　C. 水力冲孔

    D. 金属骨架　　　　　　　E. 煤体固化

6. 煤层倾角 8°以上的上山掘进工作面不得选用（　　　）措施。

    A. 松动爆破　　　B. 水力冲孔　　　C. 水力疏松　　　D. 超前排放钻孔

7. 采煤工作面可采用（　　　）或其他经试验证实有效的防突措施。

    A. 超前排放钻孔　　　　　B. 预抽瓦斯　　　　　　C. 松动爆破

    D. 浅孔高压疏松注水　　　E. 中深孔注水湿润煤体

8. 区域防突工作应当做到（　　　）是区域防突工作的指导思想。

    A. 多措并举　　　B. 可保必保　　　C. 应抽尽抽　　　D. 效果达标

9. 区域防突措施包括（　　　）。

    A. 区域突出危险性预测　　　　　B. 区域防突措施

    C. 区域措施效果检验　　　　　　D. 区域验证

10. 局部防突措施包括（　　　）。

    A. 工作面突出危险性预测　　　　B. 工作面防突措施

    C. 工作面措施效果检验　　　　　D. 安全防护措施

三、判断题

1. 石门揭煤应采用一次全断面揭穿煤层，如果未能一次揭穿煤层，在掘进剩余部分时，必须按震动爆破的安全要求进行爆破作业。（　　　）

2. 石门采取金属骨架措施揭穿煤层后，可以拆除或回收骨架。（　　　）

3. 防突工作坚持区域防突措施先行、局部防突措施补充的原则。（　　　）

4. 保护层是指为消除或削弱相邻煤层的突出或冲击地压危险而先开采的煤层或矿层。（　　　）

5. 预抽煤层公认是最好、最经济的防治煤与瓦斯突出区域措施。（　　　）

6. 开采保护层时，可以不同时抽采被保护层的瓦斯。（　　　）

7. 工作面采用预抽煤层瓦斯作为局部防突措施，当钻孔直径为 120 mm 时，必须编制专门的防突措施，防止诱发煤与瓦斯突出。（　　　）

8. 高压水力压裂过程是流体与外力共同作用下煤岩层内部裂隙与裂缝发

生、发展和贯通的过程。(　　)

9. 水力割缝技术一般适用于煤层透气性低,煤质松软,煤层瓦斯含量大,抽采钻孔施工过程中垮孔严重,瓦斯预抽非常困难的煤与瓦斯突出矿井。
(　　　)

10. 水力冲孔适用于松软破碎,严重突出的煤层平巷。(　　　)

第八章　防突措施的效果
检验与安全防护

第一节　防突措施的效果检验

一、区域防突措施的效果检验

（一）开采保护层效果检验

开采保护层的保护效果检验主要采用残余瓦斯压力、残余瓦斯含量、顶底板位移量及其他经试验证实有效的指标和方法，也可以结合煤层透气性系数变化率等辅助指标来检验。但在判断突出危险性时，必须实测残余瓦斯压力或残余瓦斯含量，其他指标或数据只能作为辅助判断或参考。煤层瓦斯压力或瓦斯含量进行效果检验的临界值，应当由具有突出危险性鉴定资质的单位进行试验考察。在试验前和应用前应当由煤矿企业技术负责人批准。

区域措施效果检验新方法的研究试验应当由具有突出危险性鉴定资质的单位进行，并在试验前由煤矿企业技术负责人批准。当采用残余瓦斯压力、残余瓦斯含量检验时，应当根据实测的最大残余瓦斯压力或者最大残余瓦斯含量，并结合其他突出预兆对预计被保护区域的保护效果进行判断。若残余瓦斯压力小于 0.74 MPa 或残余瓦斯含量小于 8 m^3/t，且无其他异常情况时，则保护层措施有效；反之，则保护层措施无效。

（二）预抽煤层瓦斯措施效果检验

采用预抽煤层瓦斯作为区域防突措施的矿井，应严格执行《煤矿瓦斯抽采达标暂行规定》和《防治煤与瓦斯突出规定》中区域措施效果检验的有关规定。大面积预抽煤层瓦斯措施，需在煤岩层中施工大量的钻孔，因煤岩层密度和硬度不均匀，导致钻孔可能产生漂移,终孔点不均匀,形成空白带或孤岛;预抽煤层瓦斯措施在控制范围内不能排除地质构造、应力集中区、煤层瓦斯富集带存在,在这些区域可能存在区域措施强度不够,仍然存在有突出的危险性。所以,必须经预抽防突效果检验与预抽防突效果评价,以控制局部区域的突出危险性。

采用预抽煤层瓦斯区域防突措施时,应当以预抽区域的煤层残余瓦斯压力或者残余瓦斯含量为主要指标或其他经试验证实有效的指标和方法进行措施效果检验。其中,在采用残余瓦斯压力或者残余瓦斯含量指标对穿层钻孔、顺层钻孔预抽煤巷条带煤层瓦斯区域防突措施和穿层钻孔预抽石门揭煤区域煤层瓦斯区域防突措施进行检验时,必须依据实际的直接测定值,即只能采用直接测定的残余瓦斯压力或残余瓦斯含量。

其他方式的预抽煤层瓦斯区域防突措施可采用直接测定值或根据预抽前的瓦斯含量及抽、排瓦斯量等参数间接计算的残余瓦斯含量值。采用间接计算的残余瓦斯含量进行预抽煤层瓦斯区域措施效果检验时,应视预抽钻孔控制边缘外侧为未采动煤体,在计算检验指标时根据不同煤层的透气性及钻孔在不同预抽时间的影响范围等情况,在钻孔控制范围边缘外适当扩大评价计算区域的煤层范围。但检验结果仅适用于预抽钻孔控制范围。当预抽区域内钻孔的间距和预抽时间差别较大时,根据孔间距和预抽时间划分评价单元分别计算检验指标。

穿层钻孔预抽石门揭煤区域煤层瓦斯区域防突措施也可以采用钻屑瓦斯解吸指标进行措施效果检验。检验期间还应当观察、记录在煤层中进行钻孔等作业时发生的喷孔、顶钻及其他突出预兆,并做好记录。以便在分析评判突出危险性时应用。

1. 检验方法及指标

采用预抽煤层瓦斯区域防突措施时,应当以预抽区域的煤层残余瓦斯压力或残余瓦斯含量为主要指标或其他经试验证实有效的指标和方法进行措施效果检验。在进行预抽煤层瓦斯区域防突措施检验时,应当根据经试验考察确定的临界值进行判断。在矿并无考察确定临界值之前,可采用残余瓦斯压力 0.74 MPa 或残余瓦斯含量 8 m^3/t 进行评判。

2. 突出危险性分析评判

采用煤层残余瓦斯压力或残余瓦斯含量直接测定值进行措施效果检验时,任何一个检测点指标测定值达到或超过临界值而判定预抽防突效果无效时,则此检验点周围半径 100 m 内的预抽区域均应判定为预抽防突效果无效,为突出危险区。在施工检验钻孔时还应注意观察喷孔、顶钻及其他突出预兆,如发现有明显突出预兆时,其预兆位置周围半径 100 m 内的预抽区域也应判定为预抽措施无效,所在区域煤层仍为突出危险区。

3. 检验钻孔布置与压力测定

预抽煤层瓦斯区域防突措施效果检验,多采用直接测定煤层残余瓦斯压力或残余瓦斯含量的方法进行检验,而检验钻孔大部分均随着预抽钻孔一并施工,并及时封孔和安装压力表测定煤层瓦斯压力,做法是在岩石巷道中通过岩层向煤层打钻孔,然后进行封孔测压。

(1)钻孔布置。在每个预测煤层瓦斯压力地点,一般布置两个钻孔,分别布置在巷道两侧帮,也可把一个布置在巷道中心顶部。钻孔要穿过煤层全厚。钻孔开口位置要选择在坚硬岩层中,不要距煤层太近。测压孔与其他孔见煤点间距不得小于 5 m,附近 20 m 不得有穿层巷道和钻孔所造成的卸压空间。侧帮钻孔倾角一般 3°～5°,顶部钻孔一般 20°～25°。测压钻孔的直径一般选择 75 mm,孔深 5 m 内不准出现裂隙,并不得布置在岩石破碎带内。

(2)测压装置。测压管一般可用直径为 26.9 mm 无缝钢管,或直径为 6 mm 的紫铜管,测压导管的长度应根据封孔长度确定,穿层钻孔封孔长度不得小于 5 m,顺层钻孔封孔长度在 8 m 及以上。测压管插入孔内末端 0.5 m 长度内,可打若干小孔。为防止测压装置漏气,可在地面连接好三通和压力表进行打压试验。打压应高于预测的最高瓦斯压力,以不漏气为止。

(3)人工填料封孔。现场目前采用黄泥与水泥砂浆封孔的较

多,当钻孔打完后,要立即进行封孔。穿层钻孔封孔深度为 4～
5 m,顺层钻孔深度应不少于 8 m。封孔前要将孔内残存的岩粉和
煤粉清洗干净,在将测压导管放入钻孔内后,先填进一个小于钻孔
直径的木头挡板。挡板放在封孔深度位置上,并用一根铁丝拉到孔
口固定。然后,用专门填料工具向孔内填入黄泥,填泥 0.5～1.0 m
并捣实后,再填入一个挡板并用力撞填,使钻孔内填入的黄泥严密
不漏气。按以上方法填至距孔口 1.0～1.5 m 位置,然后再用1∶2
的水泥砂浆封填剩余的 1.0～1.5 m 距离,到眼口为止。

(4)封孔安全措施。封孔和安装测压装置时,都应将孔口管
敞开,使孔内瓦斯畅通无阻导出孔外;开始时要严防砂浆从管口喷
出,测完拆除装置时要防止瓦斯带石粒喷出产生火花;封孔夯实用
的工具不得采用能产生火花的工具,可用木棒撞击。

(5)瓦斯压力测定。① 封孔完毕经过 24 h 后,可安装压力表
进行测压。② 安装压力表时,压力表接头与测压管接头要加皮
垫,丝扣要加密封胶带。压力表安装好后,要注意观察压力上升是
否正常。③ 压力表自安装好起,每隔 24 h 读一次压力值。同时
检查有无漏气现象。④ 压力表自安装之日起,至测定到压力稳定
不再上升为止。此压力值即为煤层瓦斯压力。当预抽煤层瓦斯
后,压力表的读数逐步下降,并做好记录。随着预抽时间增长,压
力表的读数稳定在某一数据不再继续下降,这时所测得的压力即
为煤层残余瓦斯压力。

(三)采煤工作面预抽防突效果检验

1. 采煤工作面检验方法

如果采用底板或顶板穿层钻孔预抽煤层瓦斯时,检验点可沿
工作面宽度方向均匀布置;其检验钻孔应随着穿层预抽钻孔同时
施工,并及时封孔安装压力表测定煤层瓦斯压力和残余瓦斯压力。
如果采用顺层钻孔预抽煤层瓦斯,且采煤工作面上、下平巷在采煤
工作面上、下端某一深度范围内形成了两条走向应力集中条带,再
加上采煤工作面超前压力的叠加,在应力叠加条带内发生突出的
可能性大于采煤工作面其他部位。

2. 检验点及钻孔布置

采煤工作面沿走向长度每 30～50 m,沿采煤工作面倾斜方向未超过 120 m 时,应至少布置 1 个检测试验点。为了扩大效果检验的范围,提高检验的可靠程度,现场一般布置 2 组检测点。每组检测点间隔 10～15 m 均匀布置 3 个检测钻孔。如果采煤工作面的倾斜宽度大于 120 m,一般布置 3 组检测试验点,每组检验点均匀布置 3 个钻孔。

各检验测试点应布置于所在部位原始瓦斯含量较高、孔间距较大、预抽时间较短的位置,并尽可能远离测试点周围的各预抽钻孔或尽可能与周围预抽钻孔保持等距离,且避开采掘巷道的排放范围和工作面的预抽超前距。在地质构造复杂区域应适当增加检验测试点。

(四) 石门预抽防突效果检验

对穿层钻孔预抽石门揭煤区域煤层瓦斯区域防突措施进行效果检验时,至少应布置 4 个检测钻孔,分别位于预抽区域内的上部、中部和两侧,并至少有 1 个检验孔位于预抽区域内距边缘不大于 2 m 的范围。如果矿井为近距离煤层群开采时,检测钻孔应穿透石门所有煤层,测定煤层综合瓦斯压力和残余瓦斯压力。

开采缓倾斜及近水平煤层,如果石门从煤层顶板方向揭穿煤层时,应特别注意石门巷道底板岩石与煤层结合面呈一薄弱三角区,即岩柱厚度逐渐变薄,石门底板下部必须布置至少 1 个检验钻孔;否则,有可能因漏检而发生突出。

(五) 煤巷条带预抽防突效果检验

(1) 穿层钻孔预抽煤巷条带瓦斯区域措施效果进行检验时,要求每 30～50 m 至少应布置 1 个检验测试点。为提高检验可靠程度,可布置 1 组检测试验点,检验钻孔数量不少于 3 个,即待掘巷道两帮轮廓线外 10～15 m 各 1 个,巷道中心 1 个。其检验钻孔应随着穿层预抽瓦斯钻孔同时施工,并及时封孔安装压力表,测定煤层瓦斯压力和残余瓦斯压力。

(2) 顺层钻孔预抽煤巷条带煤层瓦斯区域措施效果进行检验

时,在煤巷条带每间隔 20～30 m 至少布置 1 个检验测试点,每个区域不得少于 3 个检验测试点。在现场应用时,建议改为 1 组,每组检测点应不少于 3 个钻孔,巷道轮廓线外 10～15 m 各 1 个,巷道中心 1 个。

由于现场要求接替的时间较短,预抽钻孔间距一般都小于 5 m,所测定的煤层瓦斯压力一般都不真实。所以,现场一般都采用工作面的预测方法和指标进行效果检验。

二、区域验证

(一)区域验证要求

由于区域防突措施控制的范围较大,而区域措施防突效果检验所控制的范围又较小,在较大范围内可能隐藏着地质变化,造成煤层变厚、变薄、倾角改变、节理裂隙发育等变化导致瓦斯赋存和地应力不均匀,再加上采掘附加应力。这些特殊的局部地点仍有发生突出的可能性。突出煤层无论采用什么区域防突措施及区域措施效果检验,在采掘作业前与作业过程中都应进行区域验证,判定为无突出危险的区域更应强化该区域验证的工作。在地质构造带、应力集中带,煤层急剧变化带等个别特殊地带,对区域措施效果还应执行连续验证。

(二)区域验证方法

1. 石门揭煤工作面区域验证

石门揭煤工作面进行的区域验证,应采用石门揭煤工作面突出危险性预测的方法进行。选用综合指标法 D、k 值或钻屑瓦斯解吸指标法 K_1、Δh_2 值进行验证。

采用综合指标法进行区域验证时,应当由工作面向煤层适当位置打至少 3 个钻孔测定煤层瓦斯压力 p。近距离煤层群的层间距小于 5 m 或层间岩石破碎时,应当测定各煤层的综合瓦斯压力。并在测压钻孔每米取一个煤样测定煤的坚固性系数 f 值,把每个钻孔中坚固性系数最小的煤样混合后测定瓦斯放散初速度 Δp 值。并将 Δp 及所有钻孔中最小煤的坚固性系数 f 值作为石门软煤分层的瓦斯放散初速度和坚固性系数,最后计算出综合指

标 D、k 值。

各石门揭煤工作面突出危险性预测综合指标 D、k 的临界值应根据考察确定,在确定之前可暂按表 8-1 所列临界值进行预测。

表 8-1　　　　　石门揭煤工作面突出危险性预测综合指标临界值

综合指标 D	综合指标 k	
	无烟煤	其他煤种
0.25	20	15

采用钻屑瓦斯解吸指标法对石门揭煤工作面进行区域验证时,由工作面向煤层适当位置至少打 3 个钻孔,钻孔钻进到煤层时,每钻进 1 m 采集一次孔口排出粒径 1~3 mm 的煤钻屑量,测定瓦斯解吸指标 K_1 值或 Δh_2 值。测定时,应考虑不同钻进工艺条件下的排渣速度,采用压风排渣的速度较快,可以不予考虑。石门揭煤工作面钻屑瓦斯解吸指标的临界值应根据试验考察确定,在确定之前可暂按表 8-2 所列指标临界值预测突出危险性。

表 8-2　　　石门揭煤工作面突出危险性预测钻屑瓦斯解吸指标

煤样	临界指标 $\Delta h_2/\text{Pa}$	临界指标 $K_1/\text{mL} \cdot (\text{g} \cdot \text{min}^{1/2})^{-1}$
干煤样	200	0.5
湿煤样	160	0.4

如果所有测得的指标值小于临界值,且未发现其他突出预兆,则该工作面为无突出危险工作面;否则,为突出危险工作面。

2. 采掘工作面区域验证

煤巷掘进工作面和采煤工作面应采用钻屑指标法、复合指标法和 R 指标法预测。并按照下列要求进行:

(1) 在工作面进入该区域时,在工作面开口前或开采前立即连续进行至少 2 次区域验证。如果无突出危险,以后的工作面每推进 10~50 m 应连续进行至少 2 次区域验证。如果采用预抽煤层瓦斯作为区域防突措施的工作面,应取小值进行区域验证。但在断层破碎带、煤层层节理紊乱、煤层变厚或变薄以及集中应力带等区域,必须进行连续性的区域验证。

(2) 煤巷掘进工作面至少打 1 个超前距不小于 10 m 的超前钻孔或采取超前物探措施,探测工作面前方的地质构造和观察突出预兆。

当区域验证证实无突出危险时,应在采取安全防护措施后进行采掘作业。但采掘工作面在该区域进行的若为首次区域验证时,采掘工作面还必须保留足够的预测超前距作为安全屏障。煤巷掘进工作面应保留 5 m、采煤工作面应保留 3 m 的预测超前距。

当采掘工作面区域经验证为有突出危险或超前钻孔等发现有突出预兆时,则该区域以后的采掘作业均应严格执行局部综合防突措施。

(3) 采用钻屑指标法对煤巷掘进工作面进行区域验证时,近水平、缓倾斜煤层工作面应向前方煤体至少施工 3 个、倾斜或急倾斜煤层至少施工 2 个直径 42 mm、孔深 8~10 m 的钻孔,测定钻屑瓦斯解吸指标和钻屑量;采用钻屑指标法对采煤工作面进行区域验证时,沿工作面每间隔 10~15 m 布置一个预测钻孔,孔深 5~10 m,除此之外的各项操作均与煤巷掘进工作面突出危险性预测相同。

钻孔应尽可能布置在软分层中,控制范围:一个钻孔位于掘进巷道中部,并平行于掘进方向,其他钻孔的终孔点应位于巷道轮廓线外 2~4 m 处。钻孔每钻进 1 m 测定该 1 m 段的全部钻屑量 S,每钻进 2 m 至少测定一次瓦斯解吸指标 K_1 或 Δh_2 值。

各煤层采用钻屑指标法对采掘工作面进行区域验证的指标临界值应根据实验考察确定,在确定之前可暂按表 8-3 的临界指标值确定工作面的突出危险性。

表 8-3　　钻屑指标法预测工作面突出危险性的参考临界指标值

钻屑瓦斯解吸指标 Δh_2 /Pa	钻屑解吸指标 K_1 /mL·(g·min$^{1/2}$)$^{-1}$	钻屑量 S	
		kg/m	L/m
200	0.5	6	5.4

如果实测得到的 S、K_1 或 Δh_2 的所有测定值均小于临界值,

并未发现其他异常情况,则该工作面为无突出危险工作面;否则,为突出危险工作面。

（三）区域验证后应采取的措施

当区域验证为无突出危险工作面时,应当采取安全防护措施后进行采掘作业。无突出危险工作面采掘作业前必须采取安全防护措施,并保留足够的突出预测超前距或防突措施超前距。煤巷掘进工作面和采煤工作面必须保留的最小突出预测超前距均为2 m;工作面应当保留的最小防突措施超前距为:煤巷掘进工作面5 m,采煤工作面3 m;在地质构造破坏严重地带应当适当增加超前距离,但煤巷掘进工作面不小于7 m,采煤工作面不小于5 m。只要有一次区域验证为有突出危险或超前钻孔发现了突出预兆,则该区域以后的采掘作业均应当执行"四位一体"的局部综合防突措施。

三、工作面措施效果检验

1. 石门揭煤工作面防突措施的效果检验

石门揭煤工作面措施效果检验前应检查工作面防突措施实施是否达到设计要求和是否满足有关规章、标准,如果不符合设计要求或施工质量不满足标准要求的应不予检验。在检验钻孔施工过程中应注意观察检验孔的瓦斯、钻屑量的变化情况以及是否有喷孔、顶钻等情况,并做好记录,以备石门措施效果检验综合分析时应用。

石门和其他揭煤工作面进行防突措施效果检验时,应按钻屑瓦斯解吸指标法或其他经试验证实有效的方法,如果钻屑瓦斯解吸指标法进行措施效果检验时,检验孔数均不得少于5个,分别位于石门的上部、中部、下部和两侧。检验钻孔控制范围可按石门揭煤工作面预测钻孔控制范围执行。检验结果的各项指标都在该煤层突出危险临界值以下,且未发现其他异常情况,则措施有效;反之,则判定为措施无效。

当石门工作面检验为无突出危险时,在安全防护措施后,留有不少于5 m措施超前距和3 m检验孔投影孔深超前距,采用远距离爆破揭穿煤层。整个石门揭煤过程中,都必须执行边探边掘的措施,要求每个掘进循环施工炮眼前应先施工探眼,探清楚石门工作面前方煤层赋存和地质构造等情况。如发现问题必须向矿井调度室汇报,并不得继续揭煤作业,只有采取切实可行的有效措施并经同意之后方可继续揭煤作业。若石门检验判定有突出危险时,必须采取补充措施,并再次进行效果检验,直到措施有效为止。

2. 煤巷掘进工作面防突措施的效果检验

煤巷掘进工作面执行防突措施后,都应进行措施效果检验。检验钻孔深度应小于或等于防突措施孔的深度,检验钻孔打在措施孔之间,并尽可能使其孔间距较大。检验前应观察煤层的厚度、软煤分层厚度、煤层节理等情况,并绘制工作面的素描图;检验孔施工的推进力一致,钻进速度均匀。并注意观察检验孔孔口的瓦斯、钻屑量变化情况,有无顶钻、喷孔等动力现象,做好记录。如果检验的各项指标都在该煤层突出危险临界值以下,工作面又未发现如顶钻、喷孔等动力现象及其他突出预兆时,措施有效;反之,措施无效。如措施无效必须重新实施局部防突措施,再次进行措施效果检验,直到措施有效为止。

煤巷掘进工作面执行防突措施后,应当选择钻屑指标法、复合指标法和 R 指标法进行措施效果检验。检验钻孔直径可采用 42 mm 的钻孔,数量不得少于 3 个:巷道中部平行轴心线 1 个,巷道两帮各 1 个。钻孔深度小于或等于措施孔,巷道两帮检验孔终点应落在巷道轮廓线外 2~4 m 的位置。除孔口 1 m 外,以后每钻进 1 m 测定一次钻屑量,钻进 2 m 测定 1 次 K_1 值。

工作面效果检验结果为无突出危险时,采取安全防护措施后,留有足够的措施超前距和不少于 2 m 的检验孔投影孔深超前距,按掘进作业规程的要求组织掘进生产。若判定为有突出危险时,必须补充局部防突措施后再次进行措施效果检验,直到措施有效为止。

3. 采煤工作面防突措施的效果检验

采煤工作面防突措施效果的检验应当参照采煤工作面突出危

险性预测的方法和指标实施。但应当沿采煤工作面每隔10～15 m布置一个检验钻孔,深度应当小于或等于防突措施钻孔。检验孔应打在措施孔之间,并尽量使其孔间距较大。

措施效果检验前应做检验孔编号,观察煤层结构,并绘制局部素描图;在检验钻孔施工过程中应注意观察是否有喷孔、顶钻等动力现象,并做好记录。如效果检验指标均小于指标临界值,且未发现其他异常情况,则措施有效;否则,判定为措施无效。如措施无效必须采取补充措施后再次进行措施效果检验,直到措施有效为止。当检验结果措施有效时,在留足防突措施超前距3 m,并保留有2 m检验孔超前距的条件下,采取安全防护措施后实施开采作业。

第二节　安全防护与管理措施

一、远距离爆破

1. 远距离爆破的目的

理论分析和生产实践都表明,在采掘破煤过程中容易发生煤与瓦斯突出。根据统计资料分析,爆破破煤发生突出的次数在采掘工作面发生突出总数中占了很大的比例。其主要原因是采掘工作面爆破时,由于炸药爆炸产生大量的高温高压气体作用于煤体,在装药段煤体遭到粉碎性破坏,而高压气体的传递作用使得煤体深部产生大量的爆破裂隙,削弱了采掘工作面安全屏障的强度。当安全屏障的厚度和强度不足以抵抗煤体深部瓦斯压力时就会发生煤与瓦斯突出。导致巷道中的设施、设备和支护遭到破坏,甚至造成人员伤亡事故。因此,在突出煤层中采用打眼爆破工艺时,必须采用远距离爆破破煤,以达到安全生产的目的。

2. 远距离爆破的作业要求

(1)工作面防突技术。煤与瓦斯突出是煤矿开采过程中非常复杂的动力现象,要想采用某一种措施防治或杜绝煤与瓦斯突出的发生,在目前煤矿开采的技术装备、技术水平和管理能力的基础上还有相当难度。所以,要求采用两个"四位一体"的综合防突措施来防治突出,仅从治理措施而言,首先实施区域防突措施,如果有区域措施不能完全解决的部分区域,最后必须采取安全防护措施。

(2)措施效果连续预测与突出危险性评判。实施区域防突措施后,必须进行区域措施效果检验,当区域措施有效方可进入煤层进行采掘作业,但作业前和作业过程中,工作面推进 10～50 m 至少进行 2 次区域措施验证。在煤巷掘进工作面还应当至少打 1 个超前距不小于 10 m 的超前钻孔或者采取超前物探措施,探测地质构造和观察突出预兆。

工作面突出危险性评判。在主要采用敏感指标进行工作面预测的同时,可以根据实际条件测定一些辅助指标,采用物探、钻探等手段探测前方地质构造,观察分析工作面揭露的地质构造、采掘作业及钻孔等发生的各种现象。

(3)安全屏障及岩柱厚度。对采掘工作面进行区域措施验证或局部措施效果检验,验证或检验无突出危险段即为安全屏障。其验证段的长度,煤巷掘进和采煤工作面应保持的最小预测超前距均为 2 m;最小措施超前距为煤巷掘进工作面 5 m,采煤工作面为 3 m。在地质构造严重破坏地带应适当增加超前距,但煤巷掘进工作面不小于 7 m,采煤工作面不小于 5 m,以上规定为采掘工作面安全屏障的最小岩柱厚度。

石门揭煤工作面岩柱厚度,应根据煤系地层岩石力学性质、煤层的倾角等确定。采用远距离爆破揭开突出煤层时,要求石门、斜井揭煤工作面与煤层间的最小法向距离是:急倾斜煤层 2 m,其他煤层 1.5 m;要求立井揭煤工作面与煤层间的最小法向距离是:急倾斜煤层 1.5 m,其他煤层 2 m。如果岩石松软、破碎,还应适当增加法向距离。但增加距离是指最薄的地点达到 1.5 m 或 2.0 m,这样就使得工作面岩柱最厚点更厚、揭煤炮眼很长,甚至无法揭穿煤层,给揭煤工作面留下门槛。为了确保全断面一次揭穿或揭开煤层,现场有的矿井采用刷斜面,使整个工作面迎头的安全屏障厚度基本相等,然后再施工探眼与炮眼。

(4) 循环进度及装药量。根据霍多特理论,在煤层垂深300 m,煤的坚固性系数 f 为 0.2~0.5,掘进进尺为 1.3 m 以下时,工作面前方煤体中能释放出的突出能量值最大;若掘进进尺减少一半,释放的突出潜能则减少 1/3~1/2。因此,远距离爆破应浅掘浅进,严格控制装药量,减小震动效应,防止煤与瓦斯突出事故的发生。

(5) 远距离爆破的准爆条件。突出煤层掘进工作面要求全断面一次爆破,起爆点距工作面的距离一般都大于 300 m。由于爆破距离远,爆破母线长,为减小爆破母线电阻,应选用铜芯电缆,爆破连线方式采用串联,其特点是流过各个雷管的电流相同,若电路中任何一个雷管桥线断开或任何一处未接通则整个电路处于断路,雷管不会引爆。要做到全部雷管都能引爆,各个串联雷管的准爆电流按下式计算:

$$I = E/(nr + r_0) \geqslant 2I_0$$

式中　I——串联雷管的准爆电流,A;

　　　E——爆破器电源电压,V;

　　　n——雷管总数,个;

　　　r——每个雷管的电阻,Ω;

　　　r_0——爆破电源内阻和母线电阻,Ω;

　　　I_0——准爆电流,一般取 1.2 A。

由于串联雷管群需要的准爆电流较大,为了做到一次爆破成功,则需要降低准爆电流且要求雷管的阻值基本相同。所以,应用于串联的雷管要选用同一厂家,同一批号,同一时间的产品;电雷管之间电阻差值不宜大于 0.5 Ω;康铜丝和镍铬丝电雷管不能混用。

远距离爆破时应将掘进工作面所有工作人员以及有可能受到波及采掘工作面的人员全部撤离到安全地点,起爆地点必须设在进风侧反向风门外至少不得小于 300 m 的新鲜空气中。使用松动爆破时,起爆地点一般设在距爆破工作面的距离不得少于 800 m 的新鲜空气中。

防突钻孔施工和采掘工作面远距离爆破都必须和防突风门、避难硐室、压风自救装置、压缩氧自救器或化学氧隔离式自救器等安全设施配合使用。矿井在使用远距离爆破时,必须严格执行《煤矿安全规程》和《防治煤与瓦斯突出规定》的相关规定。

二、井下紧急避险设施

1. 永久避难硐室

永久避难硐室应设置在井底车场、水平大巷、采区避灾路线上,服务于整个矿井、水平或采区,服务年限不低于 5 a。所以,避难硐室应布置在稳定的岩层中,避开地质构造带、高温带、应力异常区以及透水危险区。硐室应采用锚喷、砌碹等方式支护,支护材料应阻燃、抗静电、耐高温、耐腐蚀。硐室地面应高于巷道底板不小于 0.2 m。

永久避难硐室应采用向外开启的 2 道门结构。外侧第一道门采用既能抵挡一定强度的冲击波,又能阻挡有毒有害气体的防护密闭门;第二道门采用能阻挡有毒有害气体的密闭门。两道门之间为过渡室,密闭门之内为避险生存室。过渡室内应设压缩空气幕和压气喷淋装置,净面积应不小于 3.0 m^2。生存室的宽度不得小于 2.0 m,净高不低于 2.0 m,每人应有不低于 1.0 m^2 的有效使用面积,设计额定避险人数不少于 20 人,不多于 100 人。生存室内安装压风呼吸器、氧气发生装置、座椅、照明、通信设施等;配备独立的内、外环境参数检测仪器,备有隔离式自救器、担架、灭火器、CO 和 CO_2 吸收剂、急救包、食品、饮用水、应急通信设施。

防护密闭门抗冲击压力不低于 0.3 MPa,应有足够的气密性,密封可靠、开闭灵活。门墙周边掏槽,深度不小于 0.2 m,墙体用强度不低于 C30 的混凝土浇筑。

2. 临时避难硐室

突出煤层掘进巷道长度及采煤工作面推进长度超过 500 m时,应当建设临时避难硐室。临时避难硐室应设置在采掘区域或采区避灾路线上,主要服务于采掘工作面及其附近区域,服务年限

一般不大于 5 a。生存室净高不低于 1.85 m,每人应有不低于 0.9 m²
的有效使用面积,设计额定避险人数不少于 10 人,不多于 40 人。
临时避难硐室过渡室断面不小于 2.0 m²。其他要求同永久避难
硐室相同。

3. 矿用可移动式救生舱

可移动式救生舱是指可通过牵引、吊装等方式实现移动,能适
应井下采掘作业地点变化要求的避险设施。使用单位可根据矿井
实际需要选用,其适用范围和适用条件应符合服务区域的特点,数
量和总容量应满足服务区域所有人员紧急避险的需要。可移动式
救生舱安装完成后应进行系统性的功能测试和试运行,通过验收
后方可投入使用。

三、防突风门

1. 防突风门

防突风门是指打开方向与安设该风门的掘进工作面发生煤与
瓦斯突出时突出瓦斯冲击流动方向相反的风门。

2. 作用

用于防止突出瓦斯逆流的防突风门比用于反风时用的反向风
门强度要高若干倍。防突风门要求有相当的抗冲击能力,保证掘
进工作面发生煤与瓦斯突出的冲击波和突出物作用风门上而不会
遭到破坏。同时,还要求防突风门关闭后,不得漏风漏气,防止突
出的高压瓦斯逆流进入进风流扩大灾害范围。

3. 安设位置

在突出煤层石门揭煤与突出煤层煤巷掘进工作面进风侧,必须设
置至少 2 道牢固可靠的防突风门,风门之间的距离不得小于 4 m。

4. 构筑要求

防突风门的设置必须符合下列要求:

(1) 防突风门距工作面的距离,应当根据掘进工作面的通风
系统和预计的突出强度确定,但防突风门距工作面回风巷不得小
于 10 m,与工作面的最近距离不得小于 70 m,如小于 70 m 时应
设置至少三道反向风门。曾发生过千吨级及其以上的特大型煤与

瓦斯突出的矿井,在突出危险区进行采掘作业时,必须设置至少 3 道牢固、可靠的防突风门。

（2）防突风门墙垛可用砖、料石或混凝土砌筑,嵌入巷道周边岩石的深度可根据岩石的性质确定,但不得小于 0.2 m;墙垛厚度不得小于 0.8 m。在煤巷构筑防突风门时,风门墙体四周必须掏槽,掏槽深度见硬帮硬底,且嵌入实体煤深度不小于 0.5 m。通过防突风门墙垛的风筒必须设有逆向隔断装置或在墙垛面上设置逆止门,逆止门必须掩盖风筒孔洞并超过风筒孔洞不小于 20 mm;逆止门用厚度不小于 20 mm 的木板加工,与厚度不小于 2 mm 的铁板用铁钉牢固连接,然后用铰链与墙体连接牢固;通过墙垛的风水管、电缆孔洞应堵严,水沟应设反水池或用盖板盖严;风门下脚应设牢固的底坎和挡风帘,过车的底坎高度以不影响通车为准;防突门关闭后应与底坎接触。

（3）管理。人员进入防突工作面时必须把防突风门打开、顶牢。工作面爆破或无人时,由施工班长负责关闭防突风门。

复习思考题

一、单选题

1. 在矿井无考察确定临界值之前,可采用残余瓦斯压力（　　）MPa 或残余瓦斯含量 8 m³/t 进行评判。

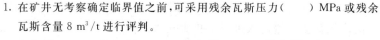

    A. 0.73　　　　B. 0.74　　　　C. 0.75　　　　D. 0.76

2. 开采保护层的保护效果检验时,若残余瓦斯压力小于（　　）MPa 或残余瓦斯含量小于 8 m³/t,且无其他异常情况时,保护层措施有效。

    A. 0.73　　　　B. 0.74　　　　C. 0.75　　　　D. 0.76

3. 采掘工作面必须保留预测超前距均为（　　）m。

    A. 1　　　　B. 2　　　　C. 3　　　　D. 4

4. 石门揭煤工作面采用综合指标法进行区域验证时,应当由工作面向煤层适当位置至少打（　　）个钻孔测定煤层瓦斯压力。

    A. 1　　　　B. 2　　　　C. 3　　　　D. 4

5. 近距离煤层群的层间距小于（　　）m 或层间岩石破碎时,应当测定各煤层的综合瓦斯压力。

A. 2   B. 3   C. 4   D. 5

6. 永久避难硐室应设置在井底车场、水平大巷、采区避灾路线上,服务于整个矿井、水平或采区,服务年限不低于( )a。

A. 2   B. 3   C. 4   D. 5

7. 在突出煤层石门揭煤与突出煤层煤巷掘进工作面进风侧,必须设置至少 2 道牢固可靠的防突风门,风门之间的距离不得小于( ) m。

A. 2   B. 3   C. 4   D. 5

8. 永久避难硐室防护密闭门抗冲击压力不低于( ) MPa,应有足够的气密性。

A. 0.2   B. 0.3   C. 0.4   D. 0.5

9. 临时避难硐室生存室净高不低于( ) m,每人应有不低于 0.9 m^2 的有效使用面积。

A. 1.80   B. 1.85   C. 1.90   D. 1.95

10. 永久避难硐室生存室每人应有不低于( ) m^2 的有效使用面积。( )

A. 0.80   B. 0.90   C. 1.00   D. 1.10

二、多选题

1. 开采保护层的保护效果检验主要采用( )及其他经试验证实有效的指标和方法,也可以结合煤层透气性系数变化率等辅助指标。

A. 残余瓦斯压力   B. 残余瓦斯含量

C. 顶、底板位移量   D. 煤层透气性

2. 煤巷掘进工作面和采煤工作面应采用( )预测。

A. 钻屑指标法   B. 复合指标法

C. R 指标法   D. 综合指标法

3. 石门揭煤工作面采用钻屑瓦斯解吸指标法进行措施效果检验时,检验孔数均不得少于 5 个,分别位于石门的( )。

A. 上部   B. 中部   C. 下部   D. 两侧

4. 远距离爆破必须和( )等安全设施配合使用。

A. 防突风门   B. 避难硐室

C. 压风自救装置   D. 压缩氧自救器

5. 永久避难硐室设计额定避险人数不少于( )人,不多于( )人。

A. 10   B. 20   C. 80   D. 100

6. 临时避难硐室设计额定避险人数不少于(　　　)人,不多于(　　　)人。

　　A. 5　　　　　　　B. 10　　　　　　　C. 40　　　　　　　D. 50

7. 采掘工作面在(　　　)以及集中应力带等区域,必须进行连续性的区域验证。

　　A. 断层破碎带　　　　　　　　B. 煤层节理紊乱

　　C. 煤层变厚　　　　　　　　　D. 变薄

8. 石门揭煤工作面进行的区域验证,可以选用综合指标法(　　　)值进行验证。

　　A. D　　　　　　　B. K　　　　　　　C. K_1　　　　　　　D. Δh_2

9. 石门揭煤工作面进行的区域验证,可以选用钻屑瓦斯解吸指标法(　　　)值进行验证。

　　A. D　　　　　　　B. K　　　　　　　C. K_1　　　　　　　D. Δh_2

10. 对穿层钻孔预抽石门揭煤区域煤层瓦斯区域防突措施进行效果检验时,至少应布置4个检测钻孔,分别位于预抽区域内的(　　　)。

　　A. 上部　　　　　　B. 中部　　　　　　C. 下部　　　　　　D. 两侧

三、判断题

1. 当区域验证为无突出危险工作面时,采掘作业可以不采取安全防护措施。(　　　)

2. 突出煤层掘进巷道长度超过500 m时,应当建临时避难硐室。(　　　)

3. 石门揭煤工作面岩柱厚度,应根据煤系地层岩石力学性质、煤层的倾角等确定。(　　　)

4. 在突出煤层石门揭煤与突出煤层煤巷掘进工作面进风侧,必须设置至少3道牢固可靠的防突风门,风门之间的距离不得小于5 m。(　　　)

5. 防突风门距工作面回风口不得小于10 m,与工作面的最近距离不得小于70 m。(　　　)

6. 人员进入防突工作面时必须把防突风门关闭。(　　　)

7. 用于防止突出瓦斯逆流防突风门比用于反风时用的反向风门强度要高若干倍。(　　　)

8. 可移动式救生舱安装完成后应进行功能测试和试运行,通过验收后方可投入使用。(　　　)

9. 永久避难硐室应采用向外开启的一道门结构。(　　　)

10. 经过区域措施验证或局部措施效果检验后,煤巷掘进工作面最小措施超前距为5 m,采煤工作面最小措施超前距为3 m。(　　　)

第九章 防突技术资料与整理

第一节 突出资料的收集与整理

一、井田地质报告提供的基础资料

1. 煤层赋存条件及其稳定性

影响煤与瓦斯突出的因素非常多,煤层赋存条件是其中之一。煤层赋存条件包含煤层资源储量、埋藏深度、煤厚及厚度变化情况、煤层倾角、含夹矸情况、顶底板性质、煤种等。煤层赋存越复杂,表明其受到地质构造影响越大,煤层突出危险性也就越大。而在煤层赋存稳定的区域,突出危险性相对较小。煤层埋藏深度、顶底板性质、煤厚、煤层倾角的变化等因素,对于预测煤层突出危险性都具有非常重要的意义,是突出资料收集和整理的重要内容。

2. 煤的结构类型

针对煤与瓦斯突出危险性的预测研究,通常将煤体结构分为原生结构煤和构造煤。

原生结构煤是指未受构造变动,保留原生沉积结构、构造特征,煤层原生层理完整、清晰,仅有少量内生、外生裂隙,煤体呈块状的煤。

原生结构、构造发生物理化学变化的煤称为构造煤。它是煤层在构造应力作用下发生破碎甚至强烈韧塑性变形和流变迁移的产物,是煤层在区域变质基础上叠加动力变质的产物。

大量观测研究表明,几乎所有发生煤与瓦斯突出的煤层都与一定厚度的构造煤有关。煤体破坏程度越严重,煤的强度越低,突出危险性越大。

按照煤的破碎程度,构造煤可分为3种。① 碎裂煤。煤被密集的、相互交叉的裂隙切割而成的碎块,碎块呈尖棱角状,相互之间没有大的移位和移动,仅在剪性裂隙面上煤被磨成细粉,并形成镜面,显微镜下还可以从碎裂煤中看到大量的微裂隙。② 碎粒煤。是煤层受到应力作用后已完全破坏了煤的原生结构、原生构造,破碎成粒状,并被重新压紧后的煤。在构造活动中,煤的颗粒相互摩擦失去棱角,粒径在1 mm以上的煤。③ 碎粉煤。是煤层受到构造应力作用后,颗粒相互摩擦而成,粒径在1 mm以下的煤。碎粒煤和碎粉煤都是煤在褶皱过程中,在顶、底板岩石之间发生顺层流动,碎粒之间相互摩擦形成的。

3. 煤的坚固性系数、煤层围岩性质及厚度

煤的坚固性系数是反映煤体坚固性的一个相对指标,其值越大,表明该煤体愈稳定,在同样的瓦斯压力和地应力作用下,越不易发生突出。煤与瓦斯突出多发生在煤层的软分层中。因此,煤的坚固性可以作为突出的一项重要预测指标,对其测定的准确性直接影响到突出预测的可靠性。我国常用的测定煤的坚固性系数的方法是落锤破碎法。

煤层围岩是指煤层直接顶、基本顶和直接底等在内的一定厚度范围的层段。煤系地层中煤层围岩性质,对煤层中瓦斯的保存起到了控制作用,因此影响了煤与瓦斯突出的危险性。煤层围岩对瓦斯赋存的影响,决定于它的隔气、透气性能。掌握开采煤层围岩性质及厚度,对于综合预测突出危险性和选择适合的防突措施都具有一定价值。

4. 煤层瓦斯含量、瓦斯成分和煤的瓦斯放散初速度

煤层瓦斯含量是指在矿井大气条件下(环境温度20 ℃,环境大气压力0.10 MPa)单位质量煤体中所含有的瓦斯气体的体积量。煤层瓦斯含量是煤层瓦斯基础参数之一,也是影响煤与瓦斯突出的重要因素。在开采突出煤层前以及对防突措施进行效果检验时,准确掌握煤层瓦斯含量是非常重要的一项工作。煤层瓦斯与天然瓦斯、液化石油气有所不同,如表9-1所示。

表 9-1　　　　　　　　　天然瓦斯、煤层瓦斯与液化石油气成分比例

体积含量/%　　名称　成分		天然瓦斯	煤层瓦斯	液化石油气	
				A	B
甲烷	CH_4	88.69	27.80	—	—
乙烷	C_2H_6	3.34	—	—	—
丙烷	C_3H_8	0.60	—	30.00	50.00
正丁烷	nC_4H_{10}	0.16	0.89	70.00	50.00
异丁烷	iC_4H_{10}	0.13	—	—	—
乙烯	C_2H_4	—	2.23	—	—
丙烯	C_3H_6	—	1.34	—	—
氢气	H_2	—	42.00	—	—
一氧化碳	CO	—	5.09	—	—
二氧化碳	CO_2	6.78	2.30	—	—
氮气	N_2	0.20	13.31	—	—
氧气	O_2	0.10	5.04	—	—
相对密度(空气)		0.65	0.51	1.93	1.82
发热量/kcal · m^{-3}		9.20	5.00	29.70	28.20

　　煤的瓦斯放散初速度 Δp 是煤层突出危险性鉴定的指标之一,如 Δp 大于等于 10,则认为煤层具有突出危险性。煤的瓦斯放散初速度 Δp 反映了煤在常压下吸附瓦斯的能力和放散瓦斯的速度,表现了煤的微观结构。煤的瓦斯放散初速度越大,煤层的突出危险性越大。

　　5. 标有瓦斯含量等值线的瓦斯地质图

　　矿井瓦斯地质图是矿井瓦斯地质研究取得的重要成果,是掌握矿井瓦斯分布特征、总结瓦斯赋存规律、计算煤层瓦斯储量、开展瓦斯区域性预测、进行矿井瓦斯防治、瓦斯资源勘探和开发的重要依据。在瓦斯地质图上瓦斯含量相等点的连线称为瓦斯含量等值线,相邻两条瓦斯含量等值线间的差值称为瓦斯

含量等量差。瓦斯含量等值线分实测线和预测线,一般选择按瓦斯含量等量差2 m^3/t绘制。

6. 地质构造类型及其特征、火成岩侵入、水文地质

影响煤与瓦斯突出的因素非常多也非常复杂,既包括各种地质因素,也包括各种非地质因素。地质因素主要包括煤层地质构造条件、煤体结构特性、煤中瓦斯参数和煤层所处的地应力。在影响煤与瓦斯突出的诸多因素中,地质构造起到决定的控制作用。

地质构造包括断层及褶皱等构造变形,都是在成煤后受后期构造作用形成的。由于地质构造往往对煤与瓦斯的突出条件及突出点的分布具有显著的作用并呈明显的差异。

沿煤层呈岩床侵入的岩浆,对瓦斯赋存和突出的发生影响显著,主要表现在使煤受热力变质,碳化程度增高,进一步生成瓦斯;由于岩床处在煤层顶板部位,对排放瓦斯通道起着封闭作用,易于保存瓦斯;使煤层受力,揉搓粉碎,造成煤的结构破坏,形成软分层煤;岩浆侵入使局部煤系地层处于不均衡的应力紧张状态,积蓄了弹性潜能。研究火成岩在煤系内的分布特征、火成岩的产状、侵入体形态特征、与围岩的接触关系、对煤质的影响等问题,对提高煤与瓦斯突出危险性预测的准确性有重要的意义。

矿井水主要来自于大气降水、地表水、含水层水、老窑水及断层水。断层破碎带通常是地下水良好聚集场所和通道。地下水活跃的地区,是瓦斯排放的直接通道。地下水在漫长的地质时代也可以带走煤体中数量可观的瓦斯。

7. 勘探过程中钻孔穿过煤层时的瓦斯涌出动力现象

钻孔瓦斯涌出动力现象是指在煤层中施工钻孔时,出现卡钻、夹钻、顶钻、喷煤、喷瓦斯等情况,这表明煤层瓦斯压力较高,是一种较明显的突出预兆,必须引起足够的重视。

8. 邻近煤矿井的瓦斯情况

通过了解邻近生产矿井的瓦斯情况,对于预测和评估本矿未开采区域煤层的瓦斯情况及突出危险性等有重要的参考

价值。

二、突出矿井瓦斯基础参数的收集

1. 煤层原始瓦斯压力

煤层瓦斯压力是指瓦斯在煤层中所呈现的压力。在煤体未受到采动影响的情况下,所测得的煤层瓦斯压力称为煤层原始瓦斯压力;煤体经过采动卸压或进行过瓦斯抽采后,所测得的煤层瓦斯压力称为煤层残余瓦斯压力。煤层瓦斯压力是决定煤层瓦斯含量一个主要因素。当煤的孔隙率相同时,游离瓦斯量与瓦斯压力成正比;当煤的吸附瓦斯能力相同时,煤层瓦斯压力越高,煤的吸附瓦斯量越大。

2. 煤层瓦斯含量

煤层瓦斯含量是指在自然条件下,单位质量或体积的煤体中所含的瓦斯量。煤层瓦斯含量可分为:煤层瓦斯原始含量是指未受到采矿采动及预抽影响的煤体内的瓦斯含量;煤层瓦斯残存含量是指受到采矿采动及预抽影响的煤体内现存的瓦斯含量。原煤瓦斯含量是指单位质量中含有的瓦斯量。开采突出煤层前,应将煤层瓦斯含量降低到 $8 \ m^3/t$ 以下。

3. 煤层透气性系数

煤层透气性系数是衡量瓦斯等气体在煤层内流动难易程度的物理量,用 λ 表示。煤层透气性采用透气性系数定量表示。通常突出煤层透气性差,瓦斯抽采困难。

4. 瓦斯放散初速度

煤的瓦斯放散初速度 Δp 是指煤初始暴露时煤层气涌出的速度。其数值采用 $3.5 \ g$ 规定粒度的煤样在 $0.1 \ MPa$ 压力下吸附瓦斯后向固定真空空间释放时,用压差表示的 $10 \sim 60 \ s$ 时间内释放的瓦斯量。煤的瓦斯放散初速度 Δp 反映了煤在常压下吸附瓦斯的能力和放散瓦斯的速度,表现了煤的微观结构,是反映煤层突出危险性的指标之一。煤的瓦斯放散初速度越大,煤层的突出危险性越大。

5. 煤层坚固性系数

坚固性系数又称普氏系数,是煤的各种性质所决定的抵抗外力破坏能力的一个综合性指标。表征着各种不同方法下煤(岩)层破碎的难易程度。煤的坚固性系数越大,表明该煤体越稳定,在同样的瓦斯压力和地应力作用下,越不易发生突出。煤与瓦斯突出都发生在煤层的软分层中。因此,煤的坚固性可以作为突出的一项重要预测指标,对其测定的准确性直接影响到突出预测的可靠性。我国常用的测定煤层坚固性系数的方法是落锤破碎法。

6. 钻孔有效抽采半径

钻孔有效抽采半径是指在规定时间内以抽采钻孔为中心,该半径范围内的瓦斯压力或含量降到安全容许值的范围。钻孔有效抽采半径是瓦斯抽采的重要参数,直接关系到钻孔布置密度、预抽时间的长短。钻孔的有效抽采半径是抽采时间、瓦斯压力、煤层透气性系数的函数,另外还与煤层原始瓦斯压力、吸附性能、抽采负压有关。

7. 钻孔有效排放半径

钻孔有效排放半径是指单个钻孔沿半径方向能够消除突出危险的最大范围。利用钻孔排放瓦斯有效半径,合理指导排放钻孔设计,可以避免设计和施工过程中出现空白带和钻孔的无效叠加,解决排放钻孔设计的无目的性问题,对突出煤层进行全面、高效、合理的消突和瓦斯排放。

8. 百米钻孔瓦斯流量衰减系数

百米钻孔瓦斯流量衰减系数表示 100 m 钻孔瓦斯流量随时间延长衰减变化系数。它是煤层瓦斯基础参数之一,反映了煤层瓦斯抽采难易程度,常与煤层透气性一起使用。

三、煤与瓦斯突出后资料收集整理

矿井发生煤与瓦斯突出后,为分析事故发生原因、总结经验教训、采取防范措施、杜绝类似事故的重复发生,必须对事故进行详细的调查和分析,调查工作一般可以分为:地面收集、整理防治煤与瓦斯突出方面的技术资料;井下勘查突出的基本特征和现场瓦斯地质因素、煤层赋存状态以及防突措施在现场的落实等情况。然后，将地面和现场调查收集的资料进行综合分析，找出技术方案、技术设计、技术管理、措施执行与现场管理等方面原因，并提出突出事故技术分析报告。

事故调查的程序、方法应正确，资料收集应齐全、内容完整。事故调查、资料收集、事故原因分析应满足下列程序和要求：

1. 矿井及工作面概况

矿井及工作面概况至少应收集的资料：矿井所属行政区域、开拓方式、设计生产能力；矿井通风方式、配风量、瓦斯等级以及瓦斯涌出量；矿井瓦斯监控系统、人员定位系统；保护层开采，瓦斯抽采系统、抽采方法以及矿井瓦斯抽采率；突出工作面的位置，采煤方法、开采工艺、顶板管理方式或巷道掘进方法，巷道支护形式以及安全防护措施等基础资料。

2. 突出前参数测定

突出前参数测定主要内容包括突出工作面区域防突措施，被保护层卸压瓦斯抽采效果考察，被保护层工作面区域性消除突出危险性评定报告；区域措施效果检验及检验结果；工作面区域措施验证或突出危险性预测资料及预测结果。若为区域措施验证或预测为突出危险工作面，还必须收集工作面采用的局部防突措施、措施效果检验资料。矿井测风报表、瓦斯监控报表、瓦斯检查报表以及工作面突出前正常配风量、瓦斯涌出量等。

3. 突出经过

突出经过包括突出当班工作面的工作任务、工作安排、人员分布；工作面突出前的通风、瓦斯、工作面支护等安全情况；诱发煤与瓦斯突出的工序和直接原因，突出的时间，突出地点、位置，突出强度，人员伤亡情况；突出汇报时间，突出后自救互救以及抢险救灾等情况。

4. 突出特征描述

突出特征描述包括煤与瓦斯突出孔洞的大小、形状和轴线方向；突出物的抛掷距离、堆积角度、分选现象；突出煤量、瓦斯总涌出量、吨煤瓦斯涌出量;工作面的支护、风筒、风门设施破坏情况、灾变风流逆流和波及范围;突出点煤层倾角、厚度、软煤分层厚度、层节理等煤的结构和破坏类型都应调查记录清楚,以便对突出类型分析定性。

5. 突出定性分析

煤与瓦斯突出发生后要根据煤层倾角、突出物抛掷距离、堆积角度、分选现象、突出煤量、吨煤瓦斯涌出量、工作面支护、设备设施位移等动力现象及时对突出类型进行定性。煤与瓦斯突出可以分为煤与瓦斯突出、煤与瓦斯倾出、煤与瓦斯压出和岩石与瓦斯突出等4种类型。

6. 突出事故原因分析

(1)瓦斯地质原因。突出发生后根据收集到的断层、褶皱,煤层倾角、煤层厚度、软煤分层厚度变化情况,煤层节理发育程度、煤的软硬程度;煤层瓦斯含量、瓦斯抽采量、瓦斯预抽率、残余瓦斯含量、残余瓦斯压力;工作面瓦斯涌出量、瓦斯浓度变化情况等资料进行分析,找出主、客观2个方面的问题。

(2)技术原因。根据防突专项设计、防突措施的编制、审查、贯彻落实情况;区域防突措施类型、措施针对性、控制范围及效果检验情况;区域措施效果验证或突出危险性预测与多元信息收集分析评判情况;局部防突措施的针对性以及控制范围、措施效果检验结果。认真分析安全防护措施的合理性和可靠性,找出技术方案、设计、措施等处存在的问题或不足。

(3)管理原因。从技术管理、现场管理和现场防突技术设计、技术安全措施以及各类规章制度执行、落实情况的监督检查进行分析,找出管理过程中存在的问题和各类规章制度执行、落实上存在的问题。

7. 总结事故教训

(1)经验教训。根据事故原因分析,找出技术管理和生产现场管理以及措施执行中的漏洞和监督管理上的死角,总结经验、吸取教训。

（2）防范措施。通过对瓦斯地质原因和技术原因的分析，找出区域防突措施选择、区域防突措施设计，措施效果检验；工作面区域措施验证或突出危险性预测；局部防突措施选择、局部措施设计以及效果检验中存在的问题，针对存在的问题，采取切实可行的措施，弥补技术设计、技术措施方面的不足，防止类似事故的再次发生。

第二节 防突工作日常管理

一、防突管理图板

1. 突出煤层抽掘采动态图板

测量部门随着抽、掘、采工作的推进定时测量巷道的三维坐标，采煤工作面收尺计量，及时填绘抽、掘、采工程平面图，生成新的抽、掘、采动态图。新生成的抽、掘、采动态图能反映出已施工巷道长度，了解设计剩余工程量和掘进工作面目前所处位置；采煤工作面剩余可采长度和剩余储量；瓦斯抽采等内容。抽、掘、采动态图主要用于生产部门和施工单位掌握工作面目前所处的位置，结合瓦斯地质图分析工作面前方的瓦斯地质情况；根据采掘工作面的剩余工程量或剩余储量，安排抽、掘、采工作结束时所应做的工作和下一步的抽、掘、采接替等。

矿井地测、生产、调度、通风、防突部门以及采掘队应有抽、掘、采动态图，矿井调度室和采掘队应将抽、掘、采工程平面图或施工设计图张贴在办公室或专门会议室的墙壁上，形成图板。采掘队必须做到每班收尺计量，并向调度室汇报。调度室和采掘队的动态图板至少每天填绘一次，以便于及时预测和分析各采掘工作面前方的瓦斯地质情况，掌握巷道贯通距离、石门见煤位置等情况；以便于采掘队从业人员了解施工工作面前方瓦斯地质情况，准确掌握石门见煤位置、巷道贯通距离等情况，以提前采取针对性的措施，确保安全生产。

2. 现场防突施工图板

采掘工作面事先制作一块带表格的牌板,这种既能填写防突基点到工作面的距离、工作面预测指标、工作面允许推进度,又能记录当班实际推进度的施工牌板称为现场防突施工图板。现场防突施工图板的主要作用是指导采掘工作面每个班的打眼深度或切割深度,控制工作面安全屏障厚度,防止超采、超掘。突出煤层采掘工作面都必须挂设防突施工图板,每班换班时,打眼工或割煤司机和班长以及瓦斯检查员都应认真阅读防突牌板,了解和掌握当班允许进度,同时应丈量复核防突基点到工作面的距离是否与防突图板上所填写的距离吻合。如距离无误差、工作面一切处于正常状态,打眼工或割煤司机确定当班打眼或切割深度,留足工作面的安全屏障后进行打眼或割煤。在下班时班长应对工作面收尺、计量,填写防突图板,并向矿调度室和防突部门汇报当班的实际推进度。

二、防突管理台账与卡片

1. 突出煤层考察基本参数台账

突出煤层基本参数台账是指突出矿井为煤层瓦斯治理而分水平、分区域建立的瓦斯基本参数考察记录簿。该台账需要保留到矿井开采结束为止。

突出矿井应建立突出煤层基本参数考察台账,考察煤层瓦斯基本参数。矿井开采新水平、新采区,或垂深增大达到 50 m 或采掘范围扩大至新的区域时,应重新进行煤与瓦斯突出鉴定,测定煤层的瓦斯放散初速度 Δp,煤层坚硬性系数 f,煤层瓦斯压力 p,观测煤的破坏类型;还应测定煤层瓦斯含量,煤层透气性系数,煤层瓦斯有效抽采半径等基础参数。

建立突出煤层基本参数台账的目的是用于分析评判煤与瓦斯突出危险性,为矿井瓦斯治理提供科学的依据。

2. 煤柱台账

煤柱台账是指突出矿井开采保护层过程中,建立一种由于地质构造、顶板破碎或地面有建构筑物等经批准而留设煤柱的记录簿,专门为防治煤与瓦斯突出而建立。台账所记录的数据还可以应用到储量管理、煤炭储量计算中去。

保护层开采工作面应尽可能不留设煤柱,收净充填物,促使邻近煤层充分卸压,消除突出煤层的突出危险性。如因特殊原因必须留设煤柱时,应报告矿总工程师或技术负责人,经同意后方可留设,但必须将煤柱留设的位置、煤柱的大小以及影响范围及时录入煤柱台账,并填绘到瓦斯地质图上。

煤柱台账的主要作用是为开采巷道布置、煤层瓦斯抽采钻孔布置以及其他防突措施的实施,防止采煤工作面误入煤柱区提供可靠的依据。

3. 瓦斯抽采台账

矿井瓦斯抽采台账可分为抽采设备管理台账、瓦斯抽采钻孔施工管理台账、瓦斯抽采流量管理台账等 3 种台账。抽采设备管理台账至少应包括真空泵的型号、数量,钻机的型号、数量,各种管道的型号、长度以及检测负压、浓度、流量的仪器仪表等;瓦斯抽采钻孔施工管理台账应包括工作面编号或巷道名称,钻场、钻孔编号,钻孔设计抽采半径、方位、倾角、长度、封孔长度等参数,钻孔实际验收的抽采半径、方位、倾角、长度等参数;抽采流量管理台账应包括工作面编号、巷道名称,钻场、钻孔编号,始抽时间、钻孔单孔流量、工作面总流量、巷道总流量、矿井总流量等。

瓦斯抽采钻孔施工管理台账和抽采流量管理台账应以时间先后顺序分采掘工作面建立,以便进行抽采效果评估或预抽防突效果检验时使用。

抽采设备管理台账主要为抽采设备更新计划或抽采范围扩大新增设备计划以及设备维护检修时所需零配件计划提供依据;瓦斯抽采钻孔施工管理台账的作用在于分析煤层瓦斯抽采效果,查找抽采设计、钻孔施工中存在的问题,改进下一步工作;抽采流量管理台账主要作用是分析评估煤层瓦斯抽采效果,或结合钻孔施工管理台账划分预抽防突检验单元和防突效果评估。

4. 防突设备仪表使用和完好台账

为确保突出危险预测仪器仪表完好、测试的数据准确,仪器仪表数量满足矿井突出危险性预测的需要、有适当的备用,防突部门应设专人负责仪器仪表的维护、管理和校核工作,并建立防突仪器仪表使用管理台账。所有仪器仪表均应编号、填写台账,其内容为仪器仪表编号、入井时间、仪表误差及携带仪表入井者的姓名。损坏的仪表不得继续使用,必须及时更换。

突出危险性预测仪器仪表应按规定的时间要求和技术标准定期进行校核,校核前应将待校核仪器仪表编号、允许误差、校核日期、校核人姓名等逐一登记记录。当校核误差大于或等于允许误差时即为不合格,不合格的仪器仪表应立即做好记录。

5. 煤与瓦斯突出记录卡片

为了统计煤与瓦斯突出次数,掌握突出工作面煤层埋深、煤层赋存状态,工作面通风系统、配风量、瓦斯涌出量,工作面采取的防突措施和采掘作业工艺,矿井有无突出预兆、突出时间、突出强度以及突出特征等专门制作的一种记录卡片。煤与瓦斯突出记录卡片连同总结资料应按有关要求上报省级煤矿安全监管机构和驻地煤矿安全监察机构。

煤与瓦斯突出记录卡片的主要作用是统计一个矿井、一个地区或全国煤与瓦斯突出次数,突出类型,分析煤与瓦斯突出的基本规律,统计分析各类防突措施的有效性等。矿井应每年对全年的防突技术资料进行系统分析总结,并提出整改措施。

三、防突工作现场管理

1. 防治煤与瓦斯突出预测通知单与检验通知单

工作面预测通知单与检验通知单,是针对突出煤层采掘工作面突出危险性预测或局部防突措施效果检验而制作的一种便于预测工作落实,由有关部门和领导审批、施工单位执行的通知单。这种通知单在企业内部具有明确的责任和法律效力。现场预测人员必须对预测(检验)的数据、收集资料的真实性和可靠性负责;审批人必须对预测(检验)通知中所反映突出资料内容的完整性、全面性以及可靠性负责;执行单位区队长必须按矿技术负责人批准的通知单和相应的技术要求组织施工;否则,必须负相应的法律责任。

在采掘工作面作业前,事先要知道采掘工作面是否具有突出危险,必须进行预测或进行措施效果检验。如果预测(检验)有突出危险时,以便采取防突措施,消除突出危险性,以保障采掘工作面作业的安全。为使预测(检验)工作方便和不漏项,必须提前制作预测(检验)通知单。预测(检验)通知单制作要求,应将预测(检验)所要做的工作内容完整、齐全地记录在表格中,以便有关领导审查、批准,施工单位执行以及各监管部门监督检查。

2. 防突钻孔施工定位和检查

为确保预测钻孔达到设计的技术要求,在钻孔施工前应将巷道的中腰线延伸到工作面迎头,然后根据煤层赋存情况,以巷道的中腰线或轮廓线为基点,丈量基点到设计钻孔之间的距离,确定预测钻孔开孔的位置。然后在平行于眼口的适当距离,用钢钉钉入煤壁,将麻绳一端固定在钢钉上,麻绳的另一端拖到巷道后方适当位置并拽紧,用地质罗盘端好钻孔设计方位,将麻绳逐步调整地质罗盘所端的方位,然后将麻绳初步固定在巷道支架上。用地质罗盘紧靠麻绳测定以调整到钻孔设计倾角为准,最后将麻绳固定在巷道的支架上作为预测钻孔施工的参照物。当钻孔施工完后,在钻孔内插入一根不小于 1.5 m 长的炮棍,用地质罗盘校核钻孔的方位和倾角,施工好的钻孔应满足设计要求。

3. 防突基点及防突标志点的设置和检查

在工作面后方巷道的顶板或两帮上设置一个明显而固定的收尺标志点,该标志点随着采掘工作面的推进而不断前移。该基点用于每个措施循环复尺和每个掘进循环前后收尺,确定措施孔、掘进炮眼深度和控制掘进进尺和采煤工作面推进度,填写防突牌板,防止超采超掘的基础控制点称为防突基点。防突基点可在工作面后方巷道的顶部或帮上打一个深度不小于 300 mm 的孔,并插入木桩打紧打牢。当防突基点距离工作面的距离太大时,预测人员应将防突基点向工作面移动,移动后必须重新丈量基点到工作面的距离,及时填入预测(检验)通知单,作为新的防突基点,并及时通知矿调度室和施工单位。

预测(检验)人员在每次预测(检验)钻孔施工前必须复核防突基点到工作面的距离,监督检查采掘队是否有超采和超掘现象,工作面突出危险性预测(检验)完成后,准确填写预测(检验)通知单。

为保证采掘工作面不超采超掘,每个工作面在作业前打眼工和当班班长必须阅读防突牌板,丈量防突基点到工作面的距离,了解当班允许掘进尺或推进度,确定打眼深度或切割深度。防突工作面工程结束前,当班班长必须收尺计量,填写防突牌板,并向矿调度室汇报当班的进尺或推进度。

第三节　煤与瓦斯突出案例分析

一、石门揭煤的煤与瓦斯突出

1. 事故地点概况

(1) 矿井基本概况。四川省兴文县光明煤业有限责任公司光明煤矿位于四川川南煤田珙长矿区古宋二号井田,矿山浅部起于 +500 m 标高,深部止于 -200 m 标高;南东与磺厂湾煤矿相邻,北西与桂花煤矿相邻。矿井可采和局部可采煤层 2 层,其中 11 号煤层全区可采,煤层平均厚度 1.86 m;9 号煤层局部可采,煤层厚度 0.17~1.01 m,平均 0.64 m。区内大部可采。11 号煤层距 9 号煤层 5.72~12.07 m,平均 8.94 m。

光明煤矿属煤与瓦斯突出矿井,2011 年瓦斯等级鉴定矿井绝对瓦斯涌出量 6.79 m^3/min,相对瓦斯涌出量 48.86 m^3/t,属自燃煤层,煤尘无爆炸危险。矿井采用中央边界抽出式通风方法,供风量 4 300 m^3/min。掘进工作面采用局部通风机压入式通风。

二号石门位于一采区 +200 m 水平东翼顶板巷,在 10~11 号钻场之间,距 10 号钻场 5 m,距 11 号钻场 20 m。石门从 +200 m 顶板巷内开口,相邻区域未布置巷道,长度为 43.5 m、见煤距离 41 m,

法向距离 21.5 m。石门设计半圆拱形断面,面积为 2.5 m×2.4 m,采用锚喷支护。

(2) 石门措施执行情况。石门揭煤区域在顶板岩石大巷布置钻场,钻场距离煤层法线距离 20 m 采用施工穿层扇形钻孔预抽煤层瓦斯区域措施。并在石门距离待揭煤层法线距离 7 m 位置再次采用穿层钻孔预抽煤层瓦斯。共布置钻孔 42 个,抽采 60 d,抽采瓦斯量 7 490 m³。

区域性防突措施效果检验方法采用直接测定煤层残余瓦斯含量。在石门揭煤工作面迎头共布置 4 个检验测试点,分别位于预抽区域的上部、中部和两侧。其中石门中间 1 个,位于措施孔之间,其他 3 个孔分别位于石门上部和两侧。2011 年 4 月 27 日,矿井聘请川煤集团中心试验室技术人员到矿进行实测,4 个钻孔中测定煤层残余瓦斯含量分别为 5.436 7 m³/t、4.994 3 m³/t、5.368 5 m³/t、5.049 7 m³/t。

区域验证采用钻屑解析指标法,突出危险判定指标:$k_1 = 0.5(\mathrm{mL/g \cdot min^{1/2}})$。在石门揭煤工作面共布置 3 个检测钻孔,其中石门中间 1 个,其他 2 个孔分别位于石门两侧。检测数据:最大的 $K_1 = 0.25(\mathrm{mL/g \cdot min^{1/2}})$。

2. 突出经过

2012 年 5 月 11 日早班安排 +200 m 水平东翼二号石门揭煤,于 7 时 40 分时召开班前会,交代了具体工作和安全注意事项。于 11 日 10 时 24 分爆破。爆破后造成风流逆转,瓦斯逆流冲出地面,主平硐进风 2 min 后恢复正常。在总回风瓦斯浓度低于 0.75% 后,县安全生产监督管理局于 16 时 40 分安排县救护队队员及矿管理人员入井侦察,发现二号石门已发生突出,经矿有关资料统计突出煤量 812 t,涌出瓦斯 3.65 万 m³,由于严格执行井外爆破,未造成人员伤亡。

3. 突出特征

(1) 突出物抛掷距离 160 m,石门 30 m 堆积高度距离石门顶部有 0.7 m 的空间,+200 m 顶板岩石大巷堆积逐渐变薄,堆积角度 10°左右。

(2) 突出物的粒径从上到下逐步变粗,分选现象明显,粉末手捏无粒感。

(3) 突出孔洞呈椭圆形状,突出孔洞由石门底板以下约 5 m 沿煤层倾斜方向向上发展。长轴方向可视长度大于 15 m,孔洞宽度 12 m。

(4) 突出煤量 812 t,涌出瓦斯量 3.65 万 m^3。突出瓦斯逆流 1 460 m,冲出主井口约 2 min 后恢复正常。

(5) 石门以西 100 m 位置的矿车被冲掉道。

4. 原因分析

(1) 石门处于应力集中地带。从地质地形图上反映,石门位置正处于地面等高线密集区域,表明地面地形变化较大,有陡坡,该区域应力集中。

(2) 石门处于地质构造区。现场勘查发现在石门西侧有一小构造,顶板岩层有所错动,煤层变厚,该区域正常煤厚 1.86 m,实际煤厚 2.16 m,且全部为软分层。

(3) 区域防突措施不到位。从钻孔设计图中可知,下行钻孔 18 个,其中 6 个钻孔最大倾角 -44°,施工非常困难,积水等因素严重影响下行钻孔抽采效果。因此,造成石门巷道底板以下揭煤区域煤层突出危险性未能有效消除。

(4) 区域措施效果检验和验证钻孔布置不合理。石门揭煤区域措施效果检验时,在石门揭煤工作面共布置 4 个钻孔,其中石门中间 1 个,其他 3 个孔分别位于石门上部和两侧,在石门揭煤工作面下部未布置检验孔;石门揭煤区域措施效果验证时,在石门揭煤工作面共布置 3 个钻孔,其中石门中间 1 个,其他 2 个孔分别位于石门两侧,工作面上部和下部未布置验证孔。最终造成区域措施效果检验和措施效果验证结果不能全面反映揭煤区域的真实情况。

(5) 区域措施效果验证数据失真。从预测预报单测试数据上看,3 个钻孔中位于巷道两侧的 2 个钻孔测试数据各 8 组,中间钻孔测试数据有 6 组。反映出工作面与待揭煤层之间的距离不吻合,实际距离仅有 3.66 m,数据缺乏真实性。

(6)区域验证指标单一。区域验证测试数据只有 k_1 值,无钻屑量,也无瓦斯涌出变化情况和其他辅助指标。

(7)采用原始煤层瓦斯含量偏低。矿井采用 2009 年 12 月 8 日至 20 日某检测单位对矿井+200 m 水平上 11 号煤层瓦斯基本参数测定结果,以煤层瓦斯含量 8.83 m³/t 作为原始煤层瓦斯含量,明显与矿井实际不符。

5. 事故教训

(1)石门从顶板方向揭煤时,必须强化石门揭煤点,巷道底板下部三角薄化段的区域防突措施和局部防突措施。措施选择应科学、有效,且必须落实到位。

(2)正确理解《防治煤与瓦斯突出规定》中的要求,石门揭煤工作面区域措施效果检验至少布置 4 个检验测试点,而不是只布置 4 个钻孔。检验钻孔的个数和钻孔的分布应根据现场巷道断面大小、措施控制的范围、措施的强度以及措施效果的均匀性等正确决定。

(3)区域措施验证应采用石门揭煤工作面预测的方法连续验证,验证钻孔个数和分布与检验钻孔的要求相同。并采用多元信息分析评判突出危险性。

(4)区域措施效果检验与验证应有熟悉防突预测业务的安全监管人员或领导在现场跟班指导,防止钻孔布置、指标测定发生错、漏等问题。

二、煤层平巷掘进的煤与瓦斯突出

1. 事故地点概况

1995 年 6 月 4 日 23 时 40 分,湖南省涟邵矿务局利民煤矿在 18 采区 1838 机巷掘进工作面实施松动爆破时发生一起特大煤与瓦斯突出事故,突出煤量 2 500 t,瓦斯量 30 万 m³,造成 19 人遇难,经济损失 128 万元。

涟邵矿务局利民煤矿为国有重点煤矿,位于湖南省冷水江市渣渡镇境内。矿井 1974 年 9 月投产,设计生产能力 60 万 t/a,核定生产能力 35 万 t/a,矿井开采石炭系测水煤系,共含煤 7 层,仅 3 煤可采,属煤与瓦斯突出矿井,煤尘爆炸指数为 7%。矿井分两个水平开采。第一水平开采标高 +50 m 至小煤窑开采边界,主平硐井口标高为 +190 m,一水平共划分为 9 个采区,已采完 6 个采区,现生产采区为 11、18、19 三个采区。矿井采用多风井、分区式通风,有 4 个进、回风井。全矿现有职工 3 912 人。

18 采区为下山采区,上接 +210 m 隔水煤柱,下至 +50 m 标高,3 煤总厚为 0.65～6.37 m,煤层结构复杂,分 $3_上$ 与 $3_下$ 煤,中间夹矸为碳质泥岩,厚度为 0～2.4 m,其中 $3_上$ 煤层厚度为 0.7～1.1 m,$3_下$ 煤层厚度为 0.7～4.2 m,平均厚度为 2.2 m,煤层倾角为 23°～24°。采区绝对瓦斯涌出量为 4.13 m^3/min,相对瓦斯涌出量为 21.43 m^3/t,属于煤与瓦斯突出危险区城。采区总进风量为 2 214 m^3/min,总回风量为 2 237 m^3/min,负压 1 000 Pa。1838 机巷工作面采用 11 kW 局部通风机供风,送风距离为 240 m。

1838 机巷设计全长 410 m,巷道开口标高为 +50.2 m,支护形式为 U 型钢可缩性拱形支架,净断面积为 7.0 m^2,从 1994 年 5 月开工到事故时止已掘 150 m,采用大直径钻孔配合深孔松动爆破防突措施。

2. 突出经过

1838 机巷于 5 月 26 日到 5 月 30 日实施防突措施,打孔径为 94 mm 的排放孔 18 个,其中孔深为 11～15 m 的有 16 个,孔深为 9 m 的有 2 个。

5 月 31 日到 6 月 1 日排放瓦斯,6 月 2 日零点班进行效果检验,经效果检验确定无突出危险,允许掘进 3 m,由 6 月 2 日 8 时班至 6 月 3 日 8 时班,进度 2.8 m。

6 月 3 日 16 时班,由矿瓦斯研究室实施深孔松动爆破措施。6 月 4 日 8 时班进行效果检验,确定有突出危险,不能掘进。于是 6 月 4 日 16 时班继续由瓦斯研究室人员实施深孔松动爆破措施。6 月 4 日 16 时班,1838 机巷工作面出勤 7 人,17 时到达作业地点,任务是调整轨道。检查瓦斯浓度为 1.2%,并发现工作面有一节风筒脱节,将风筒接好并待瓦斯降至 0.5% 后,作业人员开始调整轨道。18 时工作面垮了 7～8 车的顶煤。瓦斯浓度升至 0.9%,出了 10 车煤并支好工作面支架,22 时矿瓦斯研究室的两人来到工作面,现场施工人员全部出班。瓦斯研究室的两人及瓦斯检查员三人,开始打眼实施松动爆破措施。23 时 40 分爆破后发生煤与瓦斯突出。

事故发生后,矿迅速组织抢救,救护队于 0 时 28 分下井,0 时 45 分赶到事故现场。在救护队赶到现场以前,进班的干部职工和三采区在七石门等人车出班的职工一起将人车上的 15 名被瓦斯熏倒的职工送到七石门新鲜空气中,但是在四石门以里 120 m 处 3 人、170 m 处 2 人、220 m 处 1 人、360 m 处 9 人、胶带下山与轨道下山上车场的联络巷 1 人、18 采区水泵房至管子通风门处 3 人未能脱险而死亡。整个抢救于 6 月 5 日 11 时 30 分结束。6 月 7 日 9 时,19 名遇难者的遗体和善后工作全部处理完毕。

3. 突出特征

本次事故突出煤量 2 500 t,瓦斯量 30 万 m³ 以上,造成 19 人遇难身亡。

4. 原因分析

(1) 在 1838 机巷掘进工作面实施深孔松动爆破时,诱发了煤与瓦斯突出特大伤亡事故,这是事故的直接原因。

(2) 从管理和技术上分析,还有以下几个方面的原因:① 对结构较为复杂的 3 煤层,巷道沿 3下 分层布置,其防突措施的实施仅仅考虑在 3下 分层,因而不能完全有效地适用整个 3 煤层的防突要求。② 对深孔松动爆破和小直径钻孔排放瓦斯等措施的适用性,尤其是在不同作业地点,实施上述措施的适用条件、有效性方面缺乏考察分析,因而导致了以上措施在 1838 机巷这一特殊情况下的失效。③ 在第一次深孔爆破后,经效果检验无效,在没有采取小直径钻孔密排措施的情况下又第二次实施深孔松动爆破,措施不当。④ 安全信息不能及时、准确地反馈到生产指挥中心和有关领导,影响了安全问题的处理。

5. 事故教训

利民煤矿在 1838 机巷掘进工作面实施松动爆破,发生了一次特大型煤与瓦斯突出,突出煤量 2 500 t,涌出瓦斯 30 万 m³。

5 月 26 日至 30 日,工作面打直径为 94 mm 排放孔 18 个,孔深为11~15 m的有 16 个,孔深 9 m 的有 2 个。经效果检验有效,掘进2.8 m,6 月 3 日 16 时班实施深孔松动爆破,打效验孔有顶钻、喷孔现象,确定有危险,但在没有认真进行分析、研究的情况下,又第二次实施深孔松动、爆破。爆破诱发突出。此次事故虽然也存在操作工艺的问题,但这次突出还应该吸取以下教训。

(1) 第一次实施深孔超前排放,效果检验有效后推进了2.8 m,接着辅助实施的松动爆破不仅没有卸压还出现了效果检验超标和明显突出预兆,又实施松动爆破时出现了问题,教训在于对超前钻孔和松动爆破联合使用的条件、顺序要进行可行性考察分析。

(2) 深孔排放后再实施松动爆破,现场操作工艺能否得到保证,每孔炸药量是否到位值得思考。

(3) 当第一次松动爆破后已出现明显的突出预兆,在没有研究分析的情况下又实施松动爆破,无疑起到“催生”的作用。松动爆破和其他的防突措施一样,都有它的使用条件和局限性。

复习思考题

一、单选题

1. 碎粉煤是煤层受到构造应力作用后,颗粒相互摩擦而成,粒径在(　　)mm 以下。

　　A. 1　　　　　　B. 2　　　　　　C. 3　　　　　　D. 4

2. 煤柱台账的主要作用是为开采巷道布置,煤层瓦斯抽采钻孔布置以及其他防突措施的实施,防止采煤工作面误入(　　)提供可靠的依据。

　　A. 煤柱区　　　　　B. 保护区　　　C. 被保护区　　D. 突出区

3. 矿井开采新水平、新采区、垂深增大达到(　　)m 或采掘范围扩大至新的
　　区域时,应重新进行煤与瓦斯突出鉴定。

　　A. 30　　　　　　　B. 50　　　　　　C.80　　　　　　D. 100

4. (　　)必须对预测(检验)的数据、收集资料的真实性和可靠性负责。

　　A. 现场预测人员　B. 审批人　　C. 矿技术负责人　D. 区队长

5. 预测(检验)人员在每次预测钻孔施工前必须复核(　　)到工作面的距
　　离,监督检查采掘队是否有超采和超掘现象。

　　A. 防突基点　　　B. 掘进起点　　C. 监测起点　　D. 突出危险点

6. 执行单位区队长必须按(　　)批准的通知单和相应的技术要求组织
　　施工。

　　A. 现场技术人员　B. 矿长　　　C. 矿技术负责人　D. 防突科长

7. 矿井应(　　)对全年的防突技术资料进行系统分析总结,并提出整改
　　措施。

　　A. 每月　　　　　B. 每季度　　C. 每半年　　　D. 每年

8. 瓦斯地质图上瓦斯含量等值线一般选择瓦斯含量等量差(　　) m³/t
　　绘制。

　　A. 1　　　　　　　B. 2　　　　　　C. 3　　　　　　D. 4

9. 构造煤是煤层在(　　)作用下发生破碎甚至强烈韧塑性变形和流变迁移
　　的产物。

　　A. 自重应力　　　B. 构造应力　　C. 地应力　　D. 集中应力

10. 大量观测研究表明,所有发生煤与瓦斯突出的煤层都与一定厚度的(　　)
　　有关。

　　A. 原生结构煤　　B. 次生结构煤　C. 构造煤　　　D. 断裂结构煤

二、多选题

1. 按照煤的破碎程度,构造煤可分为(　　)3 种。

　　A. 碎裂煤　　　　B. 碎粒煤　　　C. 碎粉煤　　　D. 碎屑煤

2. 钻孔瓦斯动力现象是指在煤层中施工钻孔时,出现(　　)等情况。

　　A. 卡钻　　　　　B. 夹钻　　　　C. 顶钻

　　D. 喷煤　　　　　E. 喷瓦斯

3. 钻孔的有效抽采半径是(　　)的函数,另外还与煤层原始瓦斯压力、吸附
　　性能、抽采负压有关。

　　A. 抽采时间　　　B. 瓦斯压力　　C. 煤层透气性系数　D. 封孔质量

4. 审批人必须对预测(检验)通知中所反映突出资料内容的(　　)负责。

　　A. 完整性　　　　B. 全面性　　　C. 可靠性　　　D. 真实性

5. 钻孔有效抽采半径是瓦斯抽采的重要参数,直接关系到(　　)的长短。

　　A. 钻孔布置密度　B. 瓦斯压力　　C. 预抽时间　　D. 煤层透气性系数

6. 影响煤与瓦斯突出地质因素主要包括(　　)。

　　A. 煤层地质构造条件　　　　　　B. 煤体结构特性

　　C. 煤中瓦斯参数　　　　　　　　D. 煤层所处的地应力

7. 碎粒煤是煤层受到应力作用后已完全破坏了煤的(　　),破碎成粒状,并被重新压紧后的煤。

　　A. 原生结构　　　　　　　　　　B. 煤体特性

　　C. 原生构造　　　　　　　　　　D. 煤层赋存状态

8. 在瓦斯地质图中瓦斯含量等值线分为(　　)。

　　A. 实测线　　　　B. 警戒线　　　C. 预测线　　　D. 防突线

9. 防突仪器仪表使用管理台账的内容为(　　)。

　　A. 仪器仪表编号　　　　　　　　B. 入井时间

　　C. 仪表误差　　　　　　　　　　D. 携带仪表入井者的姓名

10. 矿井瓦斯抽采台账可分为(　　)等三种台账。

　　A. 抽采设备管理台账　　　　　　B. 瓦斯抽采钻孔施工管理台账

　　C. 瓦斯流量管理台账　　　　　　D. 瓦斯压力台账

三、判断题

1. 煤层赋存越复杂,表明其受到地质构造影响越大,煤层突出危险性也就越小。(　　)

2. 大量观测研究表明,所有发生煤与瓦斯突出的煤层都与一定厚度的构造煤有关。(　　)

3. 我国常用的测定煤的坚固性系数的方法是落锤破碎法。(　　)

4. 煤层瓦斯含量是煤层瓦斯基础参数之一,也是影响煤与瓦斯突出的重要因素。(　　)

5. 煤的瓦斯放散初速度越小,煤层的突出危险性越大。(　　)

6. 在瓦斯地质图上瓦斯含量相等点的连线称为瓦斯含量等值线。(　　)

7. 当煤的吸附瓦斯能力相同时,煤层瓦斯压力越高,煤的吸附瓦斯量越小。(　　)

8. 煤体破坏程度越严重,煤的强度越低,突出危险性越大。(　　)

9. 抽采流量管理台账主要作用是分析评估煤层瓦斯抽采效果,或结合钻孔

施工管理台账划分预抽防突检验单元和防突效果评估。(　　)

10. 防突工作面工程结束前,当班班长必须收尺计量,填写防突牌板,并向矿调度室汇报当班进尺或推进度。(　　)

第十章　防突技术操作

第一节　煤层瓦斯基础参数测定

一、煤层瓦斯压力测定

1. 煤层瓦斯压力

煤层瓦斯压力是决定煤层瓦斯含量的主要因素之一,当煤的孔隙率相同时,游离瓦斯量与瓦斯压力成正比;当煤的吸附瓦斯能力相同时,煤层瓦斯压力越高,煤的吸附瓦斯量越大。煤层瓦斯压力是间接法预测煤层瓦斯含量的必备参数。在瓦斯喷出、煤与瓦斯突出的发生、发展过程中,瓦斯压力起着重大作用,瓦斯压力是预测突出的主要指标之一。

2. 煤层瓦斯压力测定要求

为了预防石门揭穿煤层时发生突出事故,必须在揭穿突出煤层前,通过钻孔测定煤层瓦斯压力。瓦斯压力是选择石门局部防突措施的主要依据。因此,测定煤层瓦斯压力是煤矿瓦斯管理和科研需要经常进行的一项工作。

测定煤层瓦斯压力时,通常是从石门或围岩钻场向煤层打孔径为 50~75 mm 的钻孔,孔中放置测压管,将钻孔封闭后用压力表直接进行测定。为了测定煤层的原始瓦斯压力,测压地点的煤层应为未受采动影响的原始煤体。石门揭穿突出煤层前测定煤层瓦斯压力时,在工作面距煤层法线距离 5 m 以外,至少打 2 个穿透煤层全厚或见煤深度不少于 10 m 的钻孔。

3. 煤层瓦斯压力随深度的变化规律

研究表明,在同一深度下,不同矿区煤层的瓦斯压力值有很大的差别,但同一矿区中煤层瓦斯压力随深度的增加而增大,这一特点揭示了煤层瓦斯压力分布规律。

煤层瓦斯压力的大小,取决于煤生成后煤层瓦斯的排放条件。在漫长的地质年代中,煤层瓦斯排放条件是一个极其复杂的问题,除与覆盖层厚度、透气性能、地质构造条件有关外,还与覆盖层的含水性密切相关。当覆盖层充满水时,煤层瓦斯压力最大,这时瓦斯压力等于同水平的静水压力;当煤层瓦斯压力大于同水平静水压力时,瓦斯将冲破水的阻力向地面逸散;当覆盖层未充满水时,煤层瓦斯压力小于同水平的静水压力,煤层瓦斯以一定压力得以保存。图 10-1 是实测的我国部分局、矿煤层瓦斯压力随距地表深度变化图,从图中可以看出,绝大多数煤层的瓦斯压力小于或等于同水平静水压力。

在煤层赋存条件和地质构造条件变化不大时,同一深度各煤层或同一煤层在同一深度的各个地点,煤层瓦斯压力是相近的。随着煤层埋藏深度的增加,煤层瓦斯压力呈正比例增加。

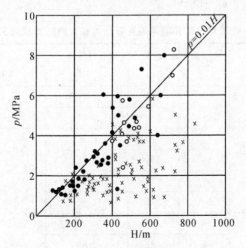

图 10-1 煤层瓦斯压力随距地表深度变化

•——重庆各局;○——北票矿务局;⊗——湖南省各局;×——其他局

在地质条件不变的情况下,煤层瓦斯压力随深度变化的规律通常用下式描述:

$$p = p_0 + m(H - H_0) \tag{10-1}$$

式中　p——在深度 H 处的瓦斯压力，MPa；

　　　p_0——瓦斯风化带 H_0 深度的瓦斯压力，MPa，一般取 0.15
　　　　　　～0.2；

　　　H_0——瓦斯风化带的深度，m；

　　　H——煤层距地表的垂直深度，m；

　　　m——瓦斯压力梯度，MPa/m；

$$m = \frac{p_1 - p_0}{H_1 - H_0} \tag{10-2}$$

式中　p_1——实测瓦斯压力，MPa；

　　　H_1——测瓦斯压力 p_1 地点的垂深，m。

　　根据我国各煤矿瓦斯压力随深度变化的实测数据，瓦斯压力
梯度 m 一般为 0.007～0.012 MPa/m，而瓦斯风化带的深度则在
几米至几百米之间。表 10-1 是我国部分矿井的煤层瓦斯压力和
瓦斯压力梯度实测值。

表 10-1　我国部分矿井的煤层瓦斯压力和瓦斯压力梯度实测值

矿井名称	煤层	垂深 /m	瓦斯压力 /MPa	瓦斯压力梯度 /MPa·m⁻¹
南桐一井	4	218	1.52	0.009 5
	4	503	4.22	
北票台吉一井	4	713	6.86	0.011 4
	4	560	5.12	
涟邵蛇形山	4	214	2.14	0.012 0
	4	252	2.60	
淮北芦岭	8	245	0.20	0.011 6
	8	482	2.96	

4. 煤层瓦斯压力的测定方法

　　煤层瓦斯压力主要采用井下直接测定法。直接测定煤层原始
瓦斯压力按《煤矿井下煤层瓦斯压力的直接测定方法》中的规定进

行。测压装置包括测压管、管接头、注浆管、压力表等,注浆设备为扬程需大于 50 m 的专用注浆泵。注浆封孔测压如图 10-2 所示。

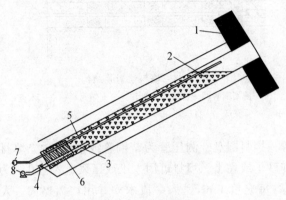

图 10-2　注浆封孔测压

1——煤层;2——水泥浆;3——注浆管;4——闸阀;

5——测压管;6——速凝水泥;7——压力表;8——注浆泵

测压钻孔直径为 65~95 mm,长度为 25~70 m。钻孔施工完成后,需进行封孔和测定工作:① 将测压管安装在钻孔中预定的封孔深度,在孔口用聚氨酯堵塞,并安装好注浆管。② 根据封孔深度确定水泥及膨胀剂的使用量,按一定比例配制好封孔水泥浆,用注浆泵一次连续将封孔水泥浆注入钻孔内。③ 注浆 24 h 凝固后,安装阀门及压力表。④ 观测、记录钻孔的压力值,直到观测值基本稳定。

测压的封孔方法分填料法和封孔器法两类。根据封孔器的结构特点,封孔器分为胶圈、胶囊和胶圈—压力黏液等几种类型。

(1)填料封孔法。填料封孔法是应用最为广泛的一种测压封孔方法。采用该法时,在打完钻孔后,先用水清洗钻孔,再向孔内放置带有压力表接头的测压管,管径为 6~8 mm,长度不小于 6 m,最后用充填材料封孔。填料法封孔结构如图 10-3 所示。

为了防止测压管被堵塞,应在测压管前端焊接一段直径大于测压管的筛管或直接在测压管前端管壁打筛孔,并在测压管前端

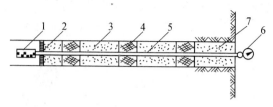

图 10-3　填料法封孔结构

1——前端筛管;2——挡料圆盘;3——充填材料;4——木楔;

5——测压管;6——压力表;7——钻孔

后部套焊一挡料圆盘。测压管为紫铜管或细钢管,充填材料一般为水泥和砂子或黏土。填料可用人工或压风送入钻孔。为使钻孔密封可靠,每充填 1 m,送入一段木楔并用堵棒捣固。人工封孔时,封孔深度一般不超过 5 m;用压气封孔时,借助喷射罐将水泥砂浆由孔底向孔口逐渐充满,其封孔深度可达 10 m 以上。填料法封孔的优点是不需要特殊装置,密封长度大,密封质量可靠,简便易行;缺点是人工封孔长度短,费时费力,且封孔后需等水泥基本凝固后,才能上压力表。

　　(2) 封孔器封孔法。① 胶圈封孔器法。胶圈封孔器法是一种简便的封孔方法,它适用的条件为岩柱完整致密的情况下。胶圈封孔器封孔结构如图 10-4 所示。胶圈封孔器由内套管、外套管、挡圈和胶圈组成。内套管为测压管。封直径为 50 mm 的钻孔时,胶圈外径为 49 mm,内径为21 mm,长度为 78 mm。测压管前端焊有环形固定挡圈,当拧紧压紧螺帽时,外套管向前移动压缩胶圈,使胶圈径向膨胀,达到封孔的目的。胶圈封孔器法主要优点是简便易行,封孔器可重复使用;缺点是封孔深度小,封孔段岩石致密、完整。② 胶圈—压力黏液封孔器法。这种封孔器与胶圈封孔器的主要区别是在两组封孔胶圈之间,充入带压力的黏液。胶圈—压力黏液封孔器的结构如图 10-5 所示。

　　该封孔器由胶圈封孔系统和黏液加压系统组成。为了缩短测压时间,该封孔器带有预充气口,预充气压力略小于预计的煤层瓦

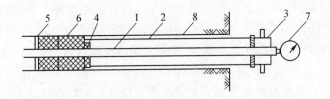

图 10-4 胶圈封孔器封孔结构

1——测压管;2——外套管;3——压紧螺帽;4——活动挡圈;

5——固定挡圈;6——胶圈;7——压力表;8——钻孔

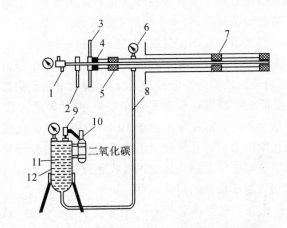

图 10-5 胶圈-压力黏液封孔器的结构

1——补充气体入口;2——固定把;3——加压手把;4——推力轴承;

5——胶圈;6——黏液压力表;7——胶圈;8——高压胶管;

9——阀门;10——二氧化碳瓶;11——黏液;12——黏液罐

斯压力。使用该封孔器时,钻孔直径为 62 mm,封孔深度为 11～20 m,封孔黏液段长度为 3.6～5.4 m。适用于坚固性系数不大于 0.5 的煤层。

这种封孔器的主要优点是封孔段长度大,压力黏液可渗入封孔段岩体裂隙,密封效果好。通过在山西阳泉等单位的试验,该封孔器能满足煤巷直接测定煤层瓦斯压力的要求。

实践表明,封孔测压的效果除了与钻孔是否清洗干净,填料是否填紧密,水泥凝固是否产生收缩裂隙,管接头是否漏气等工艺条件有关外,还取决于测压地点岩体或煤体的破裂状态。当岩体本身的完整性遭到破坏时,煤层中的瓦斯会经过破坏的岩柱产生流动,这时所测得的瓦斯压力实际上是瓦斯流经岩柱的流动阻力,因此,为了测到煤层的原始瓦斯压力,就应当选择在致密的岩石地点测压,并适当增大封孔段长度。

5. 测定过程中应注意的问题

煤层瓦斯压力测定是一项技术含量较高的工作,在测定过程中必须严格按规范操作,每个步骤均要认真仔细,否则测不到煤层瓦斯压力的真实值。在测定过程中,应注意以下问题:

(1) 选择合适的测压地点。测压钻孔尽量选择在石门或岩巷中施工,应避开地质构造裂隙带、巷道卸压圈和采动影响范围等。

(2) 保证足够的封孔长度。采用胶囊-密封黏液封孔测定本煤层瓦斯压力的封孔深度应不小于 10 m;采用注浆封孔测压法测定本煤层瓦斯压力的封孔深度应不小于 12 m,煤层群分层测压时则应封堵至被测煤层在钻孔侧的顶板或底板;条件适宜的情况下,应尽可能加长测压钻孔的封孔深度。

(3) 钻孔施工应保证钻孔平直、孔形完整,穿层测压钻孔宜穿透煤层全厚。钻孔施工好后,应立即清洗钻孔,保证钻孔畅通。

(4) 钻孔施工完后应在 24 h 内完成封孔工作。

(5) 必须设专人负责瓦斯压力的测定工作。在测定过程中,应作好各种参数记录。

(6) 当瓦斯压力变化小于 0.005 MPa/d 时,测压工作可结束。对于上向测压钻孔,在结束测压工作、撤卸表头时,应测量从钻孔中放出的水量,根据钻孔参数、封孔参数计算出钻孔水的静水压力,并从测定压力中扣除。对水平及下向测压孔则以测定值作为瓦斯压力值。

6. 仪器设备的使用与维护

直接法测定煤层瓦斯压力,主要使用压力表、胶囊-密封黏液封孔器、注浆泵等。

压力表在使用之前，应进行校检。若出现指示不灵，指针松动，刻度不清，表盘玻璃破裂，卸压后指针不回零位，铅封损坏等问题必须立即更换。压力表选用时应考虑压力表量程合适、表盘够大等因素。

胶囊-密封黏液封孔法的封孔材料为胶囊、密封黏液，封孔方式为手工操作。适用于松软岩层或煤巷的瓦斯压力测定。在测压地点先将封孔器组装好，将其放入预计的封孔深度，在钻孔孔口安装好阻退楔，连接好封孔器与密封黏液罐、压力水罐，装上各种控制阀，安装好压力表；启动压力水罐开关向胶囊充压力水，待胶囊膨胀封住钻孔后开启密封黏液罐往钻孔的密封段注入密封黏液，密封黏液的压力应略高于煤层预计的瓦斯压力。

二、煤层瓦斯含量测定

1. 煤层瓦斯含量测定要求

煤层瓦斯含量的测定方法主要分为井下间接计算法和解吸直接测定法 2 种。

间接计算法是先测定出煤层瓦斯压力，并对煤样进行工业分析，然后通过公式计算得出煤层瓦斯含量，该种方法使用较多，但需要先测定煤层瓦斯压力，并取煤样进行工业分析、瓦斯吸附参数 a、b 值分析，整个测定周期较长。井下解吸法直接测定煤层瓦斯含量，该方法测定周期短、操作便捷，但不适用于严重漏水钻孔、瓦斯喷出钻孔及岩芯钻孔的瓦斯含量测定。

2. 煤层瓦斯含量随深度的变化规律

在矿井煤层瓦斯带内，若煤层赋存较稳定，则煤层瓦斯含量随深度的增加会呈现有规律地增大。矿井可通过统计法来预计煤层瓦斯含量。

3. 煤层瓦斯含量的测定方法

(1) 解吸法测定煤层原始瓦斯含量。20 世纪 70 年代末期开始在地勘部门推广和应用解吸法测定煤层原始瓦斯含量。该方法的基本原理是在钻进预定位置采集煤芯，在地面装入特制密封罐并进行气体成分分析和解吸瓦斯规律测定,通过精确估计装入密封罐前各时段瓦斯损失量计算煤层瓦斯含量。解吸法直接测定煤层瓦斯含量的关键在于精确估计煤样从钻孔采集至地面装入密封罐前这段时间内的瓦斯损失量。煤芯在装罐前瓦斯损失量取决于煤芯在孔内及空气中暴露的时间、孔内及空气介质状态、煤的物理机械性质及煤层瓦斯含量。

煤样在解吸测定前损失的瓦斯量取决于煤芯在孔内和空气中暴露时间以及煤样的瓦斯解吸规律。根据试验研究与理论分析,在煤样开始暴露的一段时间内煤样解吸瓦斯量与煤样解吸时间的平方根成正比:

$$V_z = k \sqrt{t_0 + t} \qquad (10\text{-}3)$$

$$t_0 = \frac{1}{2}t_1 + t_2$$

式中　V_z——煤样自暴露时起至进行解吸测定结束时的瓦斯解吸总体积,mL;

　　　t_0——煤样在解吸测定前的暴露时间,min;

　　　t_1——提钻时间,根据经验,煤样在钻孔内暴露时间取 $\frac{1}{2}t_1$,min;

　　　t_2——解吸测定前煤样在地面空气中的暴露时间,min;

　　　t——煤样解吸测定时间,min;

　　　k——比例常数,mL/min$^{\frac{1}{2}}$。

解吸测定所测出的瓦斯解吸量 V 为煤样总解吸量 V_z 的一部分,仅是 t 那段时间的解吸量。解吸测定前,煤样在暴露时间 t_0 内已损失的瓦斯量可用图解法或解吸法求得。

损失瓦斯量一般可达到煤样总瓦斯量的 $10\% \sim 50\%$,且煤的瓦斯含量越大,煤越破碎,损失瓦斯量所占的比例越大。因此,为提高煤层瓦斯含量的测定精度,应尽量减少煤样的暴露时间,选取粒度较大的煤样,以减少瓦斯损失量在煤样总瓦斯量中所占的比重。

煤层瓦斯含量 X_0 是煤样解吸瓦斯量 V_1、瓦斯损失量 V_2、煤样粉碎前脱出的瓦斯量 V_3 及煤样粉碎后脱出的瓦斯量 V_4 之和

与煤样质量 G 之比,即

$$X_0 = \frac{V_1 + V_2 + V_3 + V_4}{G} \tag{10-4}$$

式中 X_0——煤层原始瓦斯含量,mL/g;

$\quad\quad V_1$——煤样解吸测定中累计解吸出的瓦斯体积,mL;

$\quad\quad V_2$——推算出的瓦斯损失量,mL;

$\quad\quad V_3$——煤样粉碎前脱出的瓦斯量,mL;

$\quad\quad V_4$——煤样粉碎后脱出的瓦斯量,mL;

$\quad\quad G$——煤样质量,g。

(2)煤层瓦斯含量间接测定法。煤层瓦斯含量间接测定法是首先在试验室中进行煤样的瓦斯吸附试验和真假比重的测定,然后绘制瓦斯吸附等温线,计算煤的孔隙体积,再按照朗格缪尔方程式并引入煤的水分、温度影响修正系数,以及带入实测的煤层瓦斯压力,最后计算出煤的瓦斯含量。其计算式为:

$$X = \frac{abp}{1+bp}\left(\frac{1}{1+0.31\,W_f}e^{n(t_s-t)}\right) + 10\,\frac{Kp}{k} \tag{10-5}$$

式中 X——纯煤(可燃物质)瓦斯含量,m^3/t;

$\quad\quad p$——实测的煤层瓦斯压力,MPa;

$\quad\quad a$——吸附常数,实验温度下煤的极限吸附量,m^3/t;

$\quad\quad b$——吸附常数,1/MPa;

$\quad\quad t_s$——试验室做吸附试验时温度,℃;

$\quad\quad t$——井下煤体温度,℃;

$\quad\quad W_f$——煤中水分含量,%;

$\quad\quad n$——系数;

$\quad\quad K$——煤的空隙体积,m^3/t;

$\quad\quad k$——瓦斯的压缩系数。

原煤瓦斯含量则可按下式换算:

$$X_0 = X\frac{100 - A_f - W_f}{100} \tag{10-6}$$

式中 X_0——原煤瓦斯含量,m^3/t;

$\quad\quad X$——纯煤瓦斯含量,m^3/t;

A_f——煤的灰分,%;

W_f——煤的水分,%。

4. 测定过程中应注意的问题

井下解吸法直接测定瓦斯含量对采样有严格的要求:

(1) 所有用于取样煤样罐在使用前必须进行气密性检测,气密性检测可通过向煤样罐内注空气至表压 15 MPa 以上,关闭后搁置 12 h 后压力不降方可使用。不应在丝扣及胶垫上涂润滑油。

(2) 解吸仪在使用之前,将量管内灌满水,关闭底塞并倒置过来,放置 10 min 后以量管内水面不下降为合格。

(3) 采样钻孔在同一地点至少应布置 2 个,取样点间距不小于 5 m。

(4) 在石门或岩石巷道可打穿层钻孔采取煤样,在新暴露的煤巷中应首选煤芯采取器(简称煤芯管)或其他定点取样装置定点采集煤样。

(5) 采样深度应按 2 种情况确定。测定煤层原始瓦斯含量时,采样深度应超过钻孔施工地点巷道的影响范围,并满足以下要求:在采掘工作面取样时,采样深度应根据采掘工作面的暴露时间来确定,但不应小于 12 m;在石门或岩石巷道采样时,距煤层的垂直距离应视岩性而定,但不应小于 5 m。抽采后煤层残余瓦斯含量测定时,采样深度应符合《煤矿瓦斯抽采基本指标》(AQ 1026—2006)的规定。

(6) 采样时间是指用于瓦斯含量测定的煤样从暴露到被装入煤样罐密封所用的实际时间,不应超过 5 min。

(7) 采集煤样时应满足以下要求:对于柱状煤芯,采取中间不含矸石的完整的部分;对于粉状及块状煤芯,要剔除矸石及研磨烧焦部分;不应用水清洗煤样,保持煤芯自然状态装入密封罐中,不可压实,罐口保留约 10 mm 空隙。

(8) 采样时,应同时收集以下有关参数记录在采样记录表中:① 采样地点:矿井名称、煤层名称、埋深(地面标高、煤层底板标高)、采样深度、钻孔方位、钻孔倾角。② 采样时间:取样开始时间、取样结束时间、煤样装罐结束时间。③ 编号:罐号、样品编号。

5. 仪器设备的使用与维护

井下解吸法直接测定煤层瓦斯含量试验采用以下仪器设备：① 煤样罐，罐内径大于 60 mm，足够装煤样 400 g 以上，在 1.5 MPa气压下保持气密性。② 瓦斯解吸速度测定仪，量管有效体积不小于 800 cm³，最小刻度 2 cm³。③ 空盒气压计。④ 秒表。⑤ 穿刺针头或阀门。⑥ 温度计，$0 \sim 50$ ℃。⑦ 真空脱气装置或常压自然解吸测定装置。⑧ 球磨机或粉碎机。⑨ 气相色谱仪，符合《天然气的组成分析气相色谱法》(GB/T 13610—2003)要求。⑩ 天平，量程不小于 1 000 g，感量不大于 1 g。如图 10-6 所示。

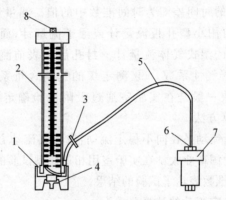

图 10-6　瓦斯解吸速度测定仪与煤样罐连接

1——排水口；2——量管；3——弹簧夹；4——底塞；
5——排气管；6——阀门；7——煤样管；8——吊环

三、煤层透气性测定

1. 煤层透气性测定要求

煤层透气性通常配合煤层瓦斯压力测定工作进行，在测定煤层瓦斯压力后，可进行煤层透气性的考察。

2. 煤层透气性测定方法

煤层透气性系数的测定是在煤层瓦斯向钻孔流动的状态径向不稳定流动的基础上建立的，采用该法时按下列步骤进行：

① 打钻孔测定煤层瓦斯压力。由石门或其他围岩巷道向煤层打测压钻孔,钻孔与煤层交角应尽量接近 90°,钻孔要打穿煤层全厚,孔径不限。记录钻孔的方位角、仰角和钻孔在煤层中的长度。记录钻孔见煤和打完煤层的时间,取这两个时间的平均值作为钻孔开始排放瓦斯时间的起点。钻孔打完后,清洗钻孔,封孔测瓦斯压力。上压力表之前测定钻孔瓦斯流量,并记录流量与测定流量的时间。当压力表读数上升至稳定的最高位时,此读数为煤层原始瓦斯压力值。② 卸压测定钻孔瓦斯流量。卸下压力表排放瓦斯,卸压 1 d 以后进行测定钻孔瓦斯流量,在测定时要记录卸下压力表大量排放瓦斯时间与每次测定瓦斯流量的时间,两者的时间差即为时间准数中的值。测量流量的仪表,当流量大时可用小型孔板流量计或浮子流量计,而流量小时可用 0.5 m^3/h 的湿式气体流量计。封孔后上表前测得的流量也可用来计算透气性系数。③ 测定煤的瓦斯含量系数。煤层的瓦斯含量系数一般是在实验室通过吸附试验确定的。④ 透气性系数的计算方法。

钻孔瓦斯流动是径向不稳定流动,求出其流动方程的解析解是困难的。中国矿业大学在实验室用相似模型试验的方法进行试验,并以相似准数表达了试验的结果。

径向不稳定流动的计算公式为:

$$Y = aF_0^b \qquad (10\text{-}7)$$

式中　Y——流量准数,无因次;

　　　F_0——时间准数,无因次;

　　　a, b——无因次系数。

$$Y = \frac{qr_1}{\lambda(p_0^2 - p_1^2)}$$

$$F_0 = \frac{4\lambda p_0^{1.5}}{\alpha r_1^2} t$$

式中　p_0——煤层原始绝对瓦斯压力(表压力加 0.1),MPa;

　　　p_1——钻孔中的瓦斯压力,一般为 0.1 MPa;

λ——煤层透气性系数，$m^2/MPa^2 \cdot d$；

r_1——钻孔半径，m；

q——在排放时间为 t 时，钻孔煤壁单位面积的瓦斯流量，$m^3/(m^2 \cdot d)$。

$$q = \frac{Q}{2\pi r_1 L}$$

式中　Q——在时间为 t 从钻孔卸压到测定钻孔瓦斯流量的时间，d；时测出的钻孔流量，m^3/d；

L——钻孔见煤长度，一般为煤层厚度，m；

t——从钻孔卸压到测定钻孔瓦斯流量的时间，d；

α——煤层瓦斯含量系数，$m^3/m^2 \cdot (MPa)^{1/2}$。

$$\alpha = X/\sqrt{p}$$

式中　X——煤的瓦斯含量，m^3/t；

p——确定煤瓦斯含量时的瓦斯压力，MPa。

为了简化计算，导出如下计算透气性的公式：

$$Y = \frac{A}{\lambda}$$

$$F_0 = B\lambda$$

其中：　　　$A = \frac{qr_1}{p_0^2 - p_1^2}, B = \frac{4p_0^{1.5}}{\alpha r_1^2}t$

由于流量准数与时间准数的关系难以用简单的公式表达，故按时间准数分段表示，得出以下专门计算透气件系数的公式：

$F_0 = 10^{-2} \sim 1$　　　$\lambda = A^{1.61}B^{0.61}$

$F_0 = 1 \sim 10$　　　$\lambda = A^{1.39}B^{0.391}$

$F_0 = 10 \sim 10^2$　　　$\lambda = 1.1A^{1.25}B^{0.25}$

$F_0 = 10^2 \sim 10^3$　　　$\lambda = 1.83A^{1.14}B^{0.137}$

$F_0 = 10^3 \sim 10^5$　　　$\lambda = 2.1A^{1.11}B^{0.111}$

$F_0 = 10^5 \sim 10^7$　　　$\lambda = 3.14A^{1.07}B^{0.07}$

由于计算透气性系数公式较多，需采用试算法来确定选取的计算式。即先选用其中任一个式子计算出 λ 值，然后将算出的 λ

值代入公式校验 F_0 是否在选用公式的适用范围内。如在试用范围,则选式正确,算出的 λ 值即为煤层透气性系数;如不在适用范围,则需重新选公式计算 λ 值,重新校验 F_0 值是否在选用公式的适用范围内。

3. 测定过程中应注意的问题

(1) 打测压钻孔时要注意有无喷孔,如有喷孔,应测定喷出煤量,然后折合计算孔径。

(2) 测定钻孔瓦斯流量时,可在不同时间多测几个瓦斯流量值,以便分析距钻孔不同距离煤体透气性的变化规律。

(3) 卸压后到测定流量时间长时,钻孔见煤长度可不取实测值,而取煤厚值;如时间短,则 L 值可取为钻孔见煤长度。

第二节　突出危险性预测指标的测定与有关参数考察

一、突出危险性预测指标的测定

(一)煤的破坏类型的测定

煤的破坏类型参见表 6-2。

(二)煤的瓦斯放散初速度 Δp 的测定

1. 煤的瓦斯放散初速度 Δp 的测定方法

(1) 变容变压式(见图 10-7)。

(2) 等容变压式(见图 10-8)。

2. 测定仪器、用具的基本要求

试样瓶容积(含管路):5 mL。固定空间体积:28 mL(不含试样瓶),出厂时应标定。真空泵:抽气量大于 2 L/min 且小于 5 L/min,真空度小于 4 Pa。甲烷气源:0.1 MPa,纯度大于 99.9%。分样筛:孔径为 0.2 mm、0.25 mm 分样筛各一个。天平:量程 100 g,感量 0.05 g。漏斗、脱脂棉等。

(1) 变容变压式测定仪。真空汞柱计:量程范围 0～360 mmHg,误差小于 1 mmHg,内径 3 mm。

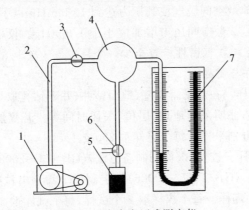

图 10-7　变容变压式测定仪

1——真空泵;2——玻璃管;3——二通阀;4——固定空间;

5——试样瓶;6——三通阀;7——真空汞柱计

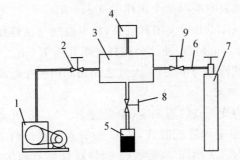

图 10-8　等容变压式测定仪

1——真空泵;2、8、9——阀门;3——固定空间;4——压力传感器;

5——试样瓶;6——管路;7——甲烷气源

（2）等容变压式测定仪。应能对放散量进行连续监测、记录、存储与计算。阀门:泄漏量小于 10^{-6} Pa· m^3/s,小于耐压 0.2 MPa;

传感器:量程 0~760 mmHg,误差小于 0.5 mmHg。

（3）气密性检查。① 对于变容变压式测定仪,在不装试样时,对放散空间脱气使汞柱计液面相平,停泵并放置 5 min 后,汞柱计液面相差应小于 1 mm。② 对于等容变压式测定仪,在不装试样时,对放散空间脱气使其压力达到 10 mmHg 以下,停泵并放置 5 min 后,放散空间压力增加应小于 1 mmHg。仪器应带气密性自检功能。③ 气密性检查至少一个月进行一次。

3. 采样与制样

(1)采样。在新暴露煤壁、地面钻井、井下钻孔取煤样。煤样应附有标签,注明采样地点、层位、采样时间等。若煤层有多个分层,应逐层分别采样。每个煤样重 250 g。

(2)制样。按照《煤样的制备方法》(GB 474—2008)、《煤炭筛分试验方法》(GB/T 477—2008)规定制作。筛分出粒度为 0.2~0.25 mm 的煤样。每个煤样取 2 个试样,每个试样重 3.5 g。

4. 测定步骤

(1)把同一煤样的 2 个试样用漏斗分别装入 Δp 测定仪的试样瓶中。

(2)启动真空泵对 2 个试样脱气 1.5 h。

(3)脱气 1.5 h 后关闭真空泵,将甲烷瓶与试样瓶连接,充气(充气压力为 0.1 MPa)使 2 个试样吸附瓦斯 1.5 h。

(4)将试样瓶与甲烷瓶、大气之间用阀门相互隔离。

5. 指标测定

(1)变容变压式仪器测定(参见图 10-7)。① 开动真空泵,打开阀 3 对固定空间进行脱气,使 U 型管汞真空计两端液面相平。② 停止真空泵,关闭阀 3,旋转阀 6,使试样瓶与固定空间相连接并使二者均与大气隔离,同时启动秒表计时,10 s 时断开试样瓶与固定空间,读出汞柱计两端汞柱差 p_1,45 s 时再连通试样瓶与固定空间,60 s 时断开试样瓶与固定空间,再一次读出汞柱计两端差 p_2。③ 计算 $\Delta p = p_2 - p_1$。

(2)等容变压式仪器测定(参见图 10-8)。① 关闭阀 8、9,打开阀 2,开动真空泵对固定空间(含仪器管道)进行脱气。② 停止真空泵,关闭阀 2,打开阀 8,使试样瓶与固定空间相连接并同时启动放散速度测定仪的计时器与压力传感器,10 s 时关闭阀 8,记录固定空间压力 H_1,45 s 时再打开阀 8,60 s 时关闭阀 8,再一次读

出固定空间压力 H_2。③ 按测定的 H_1、H_2,由下式换算成以 mm-Hg 为单位的 Δp 值:

$$\Delta p = \frac{\sqrt{V_0^2 + 2\pi r^2 \cdot VH_2 \times 10^{-3}} - \sqrt{V_0^2 + 2\pi r^2 \cdot VH_1 \times 10^{-3}}}{2\pi r \times 10^{-3}}$$

(10-8)

式中　V_0——规定的变容变压装置放散空间体积(汞柱计液面压差为 0 时),mL;

　　　r——规定的变容变压装置的汞柱计内截面半径,mm;

　　　V——等容变压装置的放散空间体积,mL;

H_1,H_2——等容变压装置第 10 s、第 60 s 时的固定空间压力,mmHg。

6. 误差要求与结果表述

(1)误差要求。测量误差应小于1 mmHg。在提交报告时附放散量曲线。

(2)结果表述。Δp 单位为 mmHg,保留到个位。设两试样 Δp 值分别为 a_1、a_2,则:当 $a_1 = a_2$ 时,Δp 取 a_1;当 $|a_1 - a_2| = 1$ 时,Δp 取二者最大值;当 $|a_1 - a_2| > 1$ 时,为不合格,应装新样重新测试。

(三)煤的坚固系数 f 的测定

1. 采样与制样

(1)沿新暴露的煤层厚度的上、中、下部各采取块度为 10 cm 的煤样两块,在地面打钻取样时应沿煤层厚度的上、中、下部各采取块度为 10 cm 的煤样两块,煤样采取后应及时用纸包上并浸蜡封固以免风化。

(2)煤样要附有标签,注明采样地点、层位、时间、采样人等。

(3)在煤样携带、运输过程中注意不得摔碰。

(4)把煤样用小锤碎制成 20~30 mm 的小块,用孔径为 20 mm 或 30 mm 的筛子筛选。

(5)称取制备好的煤样 50 g 为 1 份,每 5 份为 1 组,共称取 3 组。

2. 测定步骤

(1) 将捣碎筒放置在水泥地板或 2 cm 厚的铁板上,放入试样1 份,将 2.4 kg 重锤提高到 600 mm 高度,使其自由落下冲击试样,每份冲击 3 次,把 5 份捣碎后的试样装在同一容器中。

(2) 把每组(5 份)捣碎后的试样一起倒入孔径为 0.5 mm 的分样筛中筛分,筛到不再漏下煤粉为止。

(3) 把筛下的煤粉末用漏斗装入计量筒内,轻轻敲打使之密实,然后轻轻插入具有刻度的活塞尺与筒内粉末接触。在计量筒口相平处读取数 l。

当 $l > 30$ mm 时,冲击次数 n 可定为 3 次,按以上步骤继续进行其他各组测定;

当 $l < 30$ mm 时,第一组煤样作废,每份冲击次数 n 改为 5次,按以上步骤进行冲击、筛分和测量,仍以每 5 份作一组,测定煤粉高度 l。

3. 坚固性系数的计算

测定平行样 3 组(每组 5 份),取算数平均值,计算结果取一位小数。

4. 软煤坚固性系数的确定

如果取得的煤样粒度达不到测定 f 值所要求粒度,可采取粒度为 1~3 mm 的煤样按上要求进行测定,并按下式换算:

当 $f_{1\sim3} > 0.25$ 时,$f = 1.57 f_{1\sim3} - 0.14$

当 $f_{1\sim3} \leqslant 0.25$ 时,$f = f_{1\sim3}$

$f_{1\sim3}$ 为粒度为 1~3 mm 时煤样的坚固性系数。

(四) 钻屑瓦斯解吸指标 Δh_2 和 K_1 值的测定

1. 钻屑瓦斯解吸指标 Δh_2 的测定

钻屑瓦斯解吸指标可采用 MD-2 型煤钻屑瓦斯解吸仪进行测定。

(1) 测定仪器原理及构造。该仪器的原理为:在井下不对煤样进行人为脱气和充气的条件下,利用煤钻屑中残存瓦斯压力(瓦斯含量),向一密闭的空间释放(解吸)瓦斯,用该空间体积和压力(以水柱计压差表示)变化来表征煤样解吸出的瓦斯量。

MD-2 型煤钻屑瓦斯解吸仪主体为一整块有机玻璃加工而成。仪器结构如图 10-9 所示,有水柱、解吸室、煤样瓶和三通旋塞、两通旋塞等组成。仪器外形尺寸为 270 mm×120 mm×34 mm,重量约为 0.8 kg。

仪器配备有孔径为 1 mm 和 3 mm 的分样筛 1 套,秒表 1 块,煤样瓶 10 只。

(2) 仪器主要技术性能。主要有:① 煤样粒度:1～3 mm。② 煤样重量:10 g。③ 测定指标为瓦斯解吸指标 Δh_2、K_1 和瓦斯解吸速度衰减系数 C。④ 水柱计测定最大压差:200 mmH$_2$O。⑤ 仪器系统误差:≤±1.46%。⑥ 仪器精密度:±1 mmH$_2$O。

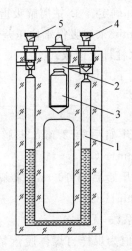

图 10-9　MD-2 型煤钻屑瓦斯解析仪结构
1——水柱计;2——解吸室;3——煤样瓶;
4——三通旋塞;5——两通旋塞

(3) 测定方法和步骤。① 测定前的必要准备:给水柱计注水,并将两侧液面调整至零刻度线。检查仪器的密封性能。一旦密封失效,需更换新的 O 形密封圈。准备好配套装备,如秒表、分样筛等。② 煤钻屑采样。在石门揭煤工作面打钻时,每打 1 m 煤孔应采煤钻屑样 1 个。在钻孔进入到预定采样深度时,启动秒表开始计时,当钻屑排出孔时,用筛子在孔口收集煤钻屑。经筛分后,取粒度为 1～3 mm(1 mm 筛上品,3 mm 筛下品)煤样装入煤样瓶中,煤样应装至煤样瓶标志线位置。采掘工作面打钻时,每 2 m 钻孔采煤钻屑样 1 个。采样方法和要求与石门揭煤相同。

③ 测定操作步骤:首先打开两通旋塞,然后将已采煤样的煤样瓶迅速放入解吸室中,拧紧解吸室上盖,打开三通旋塞,使解吸室与水柱和大气均连通,煤样处于暴露状态。当煤样暴露时间为 3 min 时,迅速逆时针方向旋转三通旋塞,使解吸室与大气隔绝,仅与水柱计连通,开始进行解吸测定,并重新开始计时;每隔 1 min 记录下解吸仪水柱计压差,连续测定 10 min。

(4) 钻屑解吸指标确定。① 钻屑解吸指标 Δh_2。钻屑解吸指标为测定开始后第 2 min 末解吸仪水柱压差计读数。该指标无须计算,直接从解吸仪水柱计上读取。

② 衰减系数 C 由下式计算:

$$C = \frac{\Delta h_2}{2} \div \frac{\Delta h_{10} - \Delta h_2}{10 - 2} = \frac{4\Delta h_2}{\Delta h_{10} - \Delta h_2} \tag{10-9}$$

式中　Δh_2——测定开始后第 2 min 末解吸仪水柱计压差读数,mmH_2O;

　　　Δh_{10}——测定开始后第 10 min 末解吸仪水柱计压差读数,mmH_2O;

　　　C——衰减系数,无因次。

③ 解吸指标 K_1 值为煤样自煤体脱落暴露后,第 1 min 内每克煤样的累积瓦斯解吸量。按下式计算:

$$K_1 = (Q + W_1)/(t+3)^{0.5} \tag{10-10}$$

式中　Q——煤样解吸测定开始后,t min 时解吸仪实测每克煤样的累积瓦斯解吸量,mL/g。

　　　t——解吸测定时间,min;

　　　W——解吸测定开始前,煤样在暴露时间内损失瓦斯量,mL/g;

　　　3——煤样暴露时间,min。

对 MD-2 型煤钻屑瓦斯解吸仪 Q 值由下式计算：

$$Q = 0.082\ 1\Delta h/10 \qquad (10\text{-}11)$$

式中 　$0.082\ 1$——解吸仪结构常数，mL/mmH_2O；

　　　10——煤样重量，g。

测定后首先按式(10-11)将水柱计读数换算为解吸量 Q，然后根据 10 min 解吸测定的 10 组数据，用作图法或最小二乘法求出 K_1 和 W。

(5) 测定注意事项。① 该仪器配备有 10 只煤样瓶，煤样瓶上刻线位置所标志的煤样重量为 10 g。为精确计算 Δh 值，可在每一个煤样解吸测定后，用胶塞或纸团将煤样瓶口塞紧，带到地面称量煤样重量(煤样处于自然干燥状态)，然后按下式对测定值进行修正。

$$\Delta h = 10\Delta h'/G \qquad (10\text{-}12)$$

式中 　$\Delta h'$——井下解吸仪实测水柱计压差读数，mmH_2O；

　　　Δh——修正后解吸仪水柱计压差读数，mmH_2O；

　　　G——称量煤样重量，g。

② 煤样暴露时间为煤钻屑自煤体脱落时起到开始进行解吸测定的时间。可由下式计算：

$$t_0 = t_2 + t_3 \qquad (10\text{-}13)$$

式中 　t_0——煤样暴露时间，min；

　　　t_2——煤钻屑自煤体脱落起到排至钻孔孔口所需的时间，min，可预计 $t_2 = 0.1L$。L 为取样时钻孔深度，m；

　　　t_3——从孔口取煤钻屑到开始进行解吸测定的时间，min。

2. 钻屑瓦斯解吸指标值测定

采用 WTC 型瓦斯突出参数仪进行测量，WTC 型瓦斯突出参数仪由主机、煤样罐、打印机、弹簧秤、秒表和组合分样筛等组成。

(1) 操作步骤。① 仪器准备：主机及其他器件等。② 其他准备：本子、粉笔、秒表等。③ 钻孔布置：钻孔尽量布置在软分层，孔数、钻孔参数等按照防突设计确定。④ 测定：按照 WTC 型瓦斯突出参数仪操作步骤执行(石门揭煤 1 m 测定 1 次，其他工作面每

2 m测定1次）。⑤ 记录、显示、预报、打印等。

（2）指标与突出危险性的关系。指标综合反映了瓦斯压力、瓦斯含量、煤的孔隙结构等参数。指标大小与煤层瓦斯、煤的物理力学参数、瓦斯解吸特征、测量工艺、环境条件和测定误差等有关。指标值越大，突出危险性越大。

（3）WTC型瓦斯突出参数仪使用的注意事项。① 钻孔布置必须在软分层且参数合理，避开钻孔影响，避开矸石段。② 把握接粉时机，避免卡钻处理后钻进时立即接粉，测定应采用干粉测定，煤粉经过充分筛分。③ 在测定过程中必须保证仪器的气密性完好。④ 预测深度不宜太长，预测完后最好在井下显示一遍，确定准确值。⑤ 注意预测过程中是否有钻孔瓦斯动力现象，如遇异常应停止预测，即判定工作面具有突出危险性，经分析后采取针对性的防突措施。⑥ 在使用瓦斯突出参数仪的过程中，从开始接煤样到仪器开始测定过程必须在2 min之内完成。钻孔瓦斯涌出量会随着时间的增长而降低，尤其是突出危险煤层的衰减系数更大，在测定时必须将测定时间控制在打完钻孔后的一定时间内，通常是2 min；否则，测定的参数是虚假值，用其判断工作面突出危险性容易产生错误的判断。

（五）钻屑量S的测定

（1）钻屑量值与突出危险性关系。钻屑量综合反映地应力、瓦斯和煤质3因素，但最大的是地应力，在以地应力为主导突出的矿井中较多应用。一般认为钻屑量越大，突出危险性越大。

（2）钻屑量测定方法。① 测定仪器及其构成：弹簧秤、塑料桶或塑料袋等。② 准备测量装置、皮尺、粉笔等。③ 钻孔根据软分层、孔径、孔数、钻孔参数等按照设计而定。④ 按规定每米测定1次。

（3）钻屑量测定注意事项。钻孔布置应在软分层且参数合理，钻屑煤粉接全，现象记录准确，控制打钻速度，测量长度控制等。

（六）钻孔瓦斯涌出初速度 q 和 R 值的测定

采用钻孔瓦斯涌出初速度 q 值法进行煤巷突出危险性预测时，应在距巷道两帮 0.5 m 处，各打 1 个平行于巷道掘进方向、直径 42 mm、深 3.5 m 的钻孔。用充气胶囊封孔器封孔，封孔后测量室长度为 0.5 m。用 TWY 型瓦斯突出危险预报仪或其他型号的瞬时流量计测定钻孔瓦斯涌出初速度，从打钻结束到开始测量的时间不应超过 2 min。

根据沿孔深测出的最大瓦斯涌出初速度和最大钻屑量计算综合指标 R 值。

$$R = (S_{max} - 1.8)(i_{max} - 4) \tag{10-14}$$

式中　S_{max}——每个钻孔沿孔深最大钻屑量，L/m；

　　　　i_{max}——每个钻孔沿孔深最大瓦斯涌出初速度，L/min；

（七）综合指标 D 和 k 的测定

综合指标 D、k 的计算公式为：

$$D = (0.007\,5H/f - 3) \times (p - 0.74) \tag{10-15}$$

式中　　D——工作面突出危险性的 D 综合指标；

　　　　k——工作面突出危险性的 k 综合指标；

　　　　H——煤层埋藏深度，m；

　　　　p——煤层瓦斯压力，取各个测压钻孔实测瓦斯压力的最大值，MPa。

$$K = \Delta p / f \tag{10-16}$$

　　　　Δp——软分层煤的瓦斯放散初速度；

　　　　f——软分层煤的坚固性系数。

二、有关参数考察

（一）突出临界值的考察

突出指标临界值是指用该指标划分突出危险与否的临界值。在煤巷工作面预测时，实际预测值高于或等于临界值，属于突出危险工作面，实测值低于临界值的，属于无突出危险工作面。

鉴于各突出矿井地质条件、生产条件、突出危险程度、防突管理经验以及防突人员素质方面的差异，在开展日常预测时确定突出临界值的方法也各不相同。不过,目前大都倾向于按预测或防突措施效果检验的实测数据的统计分析加以确定。

在对突出预测及防突措施效果检验实测资料统计分析时,应将其中不可靠的资料剔除,以免得到错误结论。通常不可靠资料是在下列情况下测得的:预测未能严格按照预测循环要求进行,预测孔超前距离不够;只打 1 个预测孔;测试装置、工具及操作不规范。

在进行日常预测时,会出现下列几种情况:

(1)预测未超过规定临界值不突出,或虽超过规定临界值,但采取防突措施后不突出。从实测资料看,绝大多数属于后种情况,可适当提高指标临界值,反复进行试验,直到发生突出、打预测钻孔喷孔或出现明显突出预兆。

(2)未超过规定临界值发生了突出,则应降低指标临界值或选用其他指标。

(3)超过规定临界值未采用防突措施而不突出,则应提高指标临界值。

(4)超过规定临界值未采用防突措施而发生了突出,取最小的实测值为新的临界值。

(5)超过规定临界值采用防突措施后发生了突出,以效果检验最小实测值作为临界值。

(二)钻孔有效抽采半径的考察

钻孔有效抽采半径是指在规定时间内以抽采钻孔为中心,该半径范围内的瓦斯压力或含量降到安全容许值的范围。钻孔的有效抽采半径是抽采时间、瓦斯压力、煤层透气性系数的函数,另外还与煤层原始瓦斯压力、吸附性能、抽采负压等因素有关。

预抽煤层瓦斯是防治矿井瓦斯超限和煤与瓦斯突出的重要措施,如存在抽采钻孔参数布置不合理,预抽时间不足等因素,将会影响煤层瓦斯预抽效果,从而起不到应有的治理效果。

1. 瓦斯压力降低法

瓦斯压力降低法为在石门断面向煤层打一个穿层测压孔或在

煤巷打一个沿层测压孔,测出准确的瓦斯压力值。然后施工一个抽采钻孔,再在抽采孔周围由远而近打数排考察钻孔,安装压力表,然后观察瓦斯抽采过程中各个考察孔瓦斯压力随时间的变化。在规定抽采瓦斯期限内,能将考察孔的瓦斯压力降低到容许限值0.74 MPa 以下的那排考察钻孔与抽采孔的距离就是排放瓦斯有效半径。瓦斯压力降低法考察抽采半径如图 10-10 所示。

考察钻孔　　　　考察钻孔

抽采钻孔

图 10-10　瓦斯压力降低法考察抽采半径

瓦斯压力降低法是目前大家容易接受的一种方法,但工作强度很大。

2. 钻孔瓦斯流量法

利用钻孔瓦斯流量法测定抽采钻孔有效排放半径的步骤如下:

(1) 沿工作面软分层施工 1 个测量钻孔,绘制出瓦斯流量的变化曲线,准确测出钻孔的原始瓦斯流量。

(2) 沿工作面软分层施工 1 个抽采钻孔,然后由远到近施工一排考察钻孔。

(3) 对抽采钻孔进行预抽,在抽采过程中记录各个考察钻孔瓦斯流量的变化情况。

(4) 将各个考察孔在预抽过程中的瓦斯流量变化关系与原始瓦斯流量变化关系进行比较,观察哪个考察孔能在规定时间内将瓦斯降低到规定范围内的,这个孔与抽采孔之间的距离就是抽采孔的有效半径。

3. 钻屑瓦斯解吸指标法

利用钻屑瓦斯解吸指标法测定抽采钻孔有效排放半径的步骤如下:

（1）在软分层中先打一个考察孔，测量每米的钻屑量与钻屑瓦斯解吸指标。

（2）测试结束后，将钻孔扩大到抽采钻孔的设计直径，进行抽采。

（3）按施工要求，确定抽采时间。当到达时间后，在该钻孔附近的软分层中打一个与此钻孔呈一定角度的测试孔，测定每米的钻屑量与钻屑瓦斯解吸指标。

（4）将2个钻孔同一深度范围内所测到的数据和两点的间距进行分析，当其小于临界指标值时，相应两点的最大间距确定为抽采钻孔的有效排放半径。钻屑瓦斯解吸指标法考察抽采半径如图10-11所示。

由于 K_1 值的测试过程中受巷道自然排放和人工操作影响很大，误差比较大，目前已经很少使用。

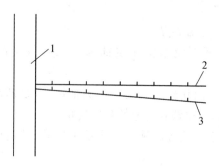

图 10-11　钻屑瓦斯解吸指标法考察抽采半径
1——巷道；2——抽放孔；3——考察孔

（三）钻孔有效排放半径的考察

钻孔有效排放半径是指单个钻孔沿半径方向能够消除突出危险的最大范围。利用钻孔排放瓦斯有效半径，合理指导排放钻孔设计，可以避免设计和施工过程中出现空白带和钻孔的无效叠加，解决排放钻孔设计的无目的性问题，对突出煤层进行全面、高速、有效合理的消突和瓦斯排放。目前，超前瓦斯排放钻孔有效排放半径的常用测定方法有瓦斯压力降低法、钻孔瓦斯流量法、钻屑量与钻屑瓦斯解吸指标法。

有效排放半径的判断准则为将 2 个钻孔同一深度处所测定的指标进行比较,如果自某一深度处开始向钻孔深处,2# 孔各点所测定的指标均小于 1# 孔同一深度的指标时,该深度对应的钻孔之间的距离就称为超前钻孔有效排放半径。

1. 钻孔瓦斯压力降低法和流量法

瓦斯压力降低法和流量法测定有效排放半径的钻孔布置如图 10-12 所示。其测定步骤如下:

(1) 沿工作面软分层打 3～5 个相互平行测量孔,孔径 42 mm,孔长 5～7 m,间距 0.3～0.5 m。

(2) 对各测量孔进行封孔,封孔长度不得小于 2 m。

(3) 钻孔密封后,立即测量孔瓦斯压力或瓦斯涌出量。

(4) 在距最近的测量孔边缘 0.5 m 处,打一平行于测量孔的排放瓦斯钻孔,观察排放钻孔到达测压或测涌出量位置后,煤体中瓦斯压力的变化,或各测量孔中的瓦斯涌出量变化,以确定排放钻孔的有效排放半径。

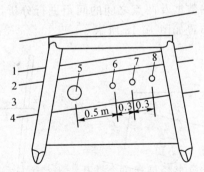

图 10-12　压力降低法和流量法测定有效排放半径的钻孔布置

钻孔瓦斯压力法和测量钻孔瓦斯涌出量法工程量大,工艺复杂,存在下列缺点:

(1) 在软分层中打 3～5 个孔径为 42 mm 的测量孔,在打钻过程中,软分层中的瓦斯就会得到一定排放,破坏了煤层的原始条件。再在测量孔旁边 0.5 m 处打排放孔,实际上是在测量孔排放瓦斯后,测定排放孔的有效排放半径,由此测出的结果与实际情况偏差较大。

(2) 在软分层中封孔困难,采用胶囊封孔器封孔,因胶囊长度短,钻孔周围卸压圈的裂缝和裂隙会漏出一部分瓦斯,因而测出的瓦斯涌出量不准。

(3) 测定所需设备和人员多,各测量孔需同时观察,测定过程较长,费工费时,测定费用高。

2. 钻屑量与钻屑瓦斯解吸指标法

在没有执行过防突措施的有突出危险的采掘工作面,在软分层中先打一个预测孔,测量每米钻孔的钻屑量和钻屑瓦斯解吸特征 K_1 值。钻孔长 8~10 m,孔径 42 mm。预测结束后,将此孔扩孔,将其扩至待考察排放孔的直径。打完排放孔后,让其排放一段时间,一般为 2 h,使排放孔周围瓦斯得到排放。到达时间后,在该孔附近的软分层中打一个与排放孔呈一定角度的测试孔,测量其每米钻孔的钻屑量与钻屑瓦斯解吸特征 K_1 值。将同一深度的两个钻孔测到的数据及两点之间的间距进行分析,得出有效排放半径。其钻孔布置如图 10-13 所示。

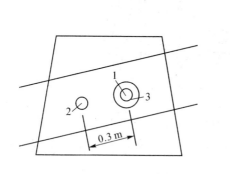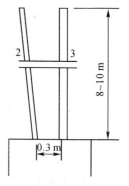

图 10-13　钻屑量与钻屑瓦斯解吸指标法的钻孔布置
1——预测孔;2——测试孔;3——排放瓦斯孔

复习思考题

一、单选题

1. 研究表明,在同一深度下,不同矿区煤层的瓦斯压力值有很大的差别,但同一矿区中煤层瓦斯压力随深度的增加而(　　)。

   A. 减小　　　　 B. 增大　　　　 C. 不变　　　　 D. 呈指数增加

2. 煤层瓦斯压力的大小,取决于煤生成后煤层瓦斯的(　　)条件。

   A. 排放　　　　 B. 积聚　　　　 C. 储存　　　　 D. 溶解

3. 为使测压钻孔密封可靠,每充填(　　)m,送入一段木楔,用堵棒捣固。

   A. 0.5　　　　 B. 1.0　　　　 C. 1.5　　　　 D. 2.0

4. 测定瓦斯压力的钻孔施工完后应在(　　)h 内完成封孔工作。

   A. 8　　　　 B. 16　　　　 C. 24　　　　 D. 48

5. 在煤体未受到采动影响的情况下,所测得的煤层瓦斯含量称为煤层(　　)。

   A. 原始瓦斯含量　　　　　　　　 B. 实测瓦斯含量

   C. 残存瓦斯含量　　　　　　　　 D. 卸压瓦斯含量

6. 在矿井煤层瓦斯带内,若煤层赋存较稳定,则煤层瓦斯含量随深度的增加会呈现有规律的(　　)。

   A. 减小　　　　 B. 增大　　　　 C. 不变　　　　 D. 呈指数增加

7. 为提高煤层瓦斯含量的测定精度,应尽量减少煤样的(　　)。

   A. 暴露时间　　 B. 颗粒度　　　 C. 机械强度　　 D. 比表面积

8. 煤层瓦斯含量的(　　)是先测定出煤层瓦斯压力,并对煤样进行工业分析,然后通过公式计算得出煤层瓦斯含量。

   A. 井下解吸直接测定法　　　　　 B. 间接计算法

   C. 工业分析法　　　　　　　　　 D. 吸附常数测定法

9. 煤层(　　)是指单位质量或体积的煤在自然状态下所含游离瓦斯和吸附瓦斯的总和。

   A. 原始瓦斯含量　　　　　　　　 B. 瓦斯含量

   C. 残存瓦斯含量　　　　　　　　 D. 瓦斯涌出量

10. 石门揭煤采用 MD-2 型煤钻屑瓦斯解吸仪进行测定时,每打(　　)m 煤孔应采煤钻屑样 1 个。

   A. 1　　　　 B. 2　　　　 C. 3　　　　 D. 4

二、多选题

1. 在(　　)的发生、发展过程中,瓦斯压力起着重大作用。
   A. 瓦斯喷出　　　　　　　　　　　B. 煤的突然倾出
   C. 煤与瓦斯突出　　　　　　　　　D. 岩石与瓦斯突出

2. 煤层瓦斯排放条件除与(　　)有关外,还与覆盖层含水性密切相关。
   A. 覆盖层厚度　　　　　　　　　　B. 透气性能
   C. 地质构造条件　　　　　　　　　D. 地质水文条件

3. 直接测定煤层原始瓦斯压力的测压装置包括(　　)等。
   A. 测压管　　　B. 管接头　　　C. 注浆管　　　D. 压力表

4. 根据封孔器的结构特点,封孔分为(　　)等几种类型。
   A. 胶圈　　　B. 胶囊　　　C. 压力黏液　　　D. 胶圈—压力黏液

5. 胶圈封孔器由(　　)组成。
   A. 内套管　　　B. 外套管　　　C. 挡圈　　　D. 胶圈

6. 钻屑瓦斯解吸指标综合反映了(　　)等参数。
   A. 瓦斯压力　　　B. 瓦斯含量　　　C. 瓦斯特征　　　D. 煤的孔隙结构

7. 钻屑瓦斯解吸指标大小与(　　)和测定误差等有关。
   A. 煤层瓦斯　　　B. 煤的物理力学参数　　　C. 瓦斯解吸特征
   D. 测量工艺　　　E. 环境条件

8. 钻屑量综合反映(　　)三因素,一般认为钻粉量越大,突出危险性越大。
   A. 地应力　　　B. 渗透性　　　C. 瓦斯　　　D. 煤质

9. 鉴于各突出矿井(　　)以及防突人员素质方面的差异,因而在开展日常预测时,确定突出临界值的方法也各不相同。
   A. 地质条件　　　B. 生产条件　　　C. 突出危险程度　　　D. 防突管理经验

10. 进行煤的坚固系数测定时,煤样要附有标签,注明(　　)等。
    A. 采样地点　　　B. 层位　　　C. 时间　　　D. 采样人

三、判断题

1. 煤层瓦斯压力是间接法预测煤层瓦斯含量的必备参数。(　　)

2. 当煤的孔隙率相同时,游离瓦斯量与瓦斯压力成反比。(　　)

3. MD-2 型煤钻屑瓦斯解吸仪由水柱计、解吸室、煤样瓶和三通旋塞等组成。
   (　　)

4. 钻屑解吸指标 Δh_2 为测定开始后第 2 min 末解吸仪水柱压差计读数。
   (　　)

5. 钻屑瓦斯解吸指标 K_1 值越小,突出危险性越大。(　　)

6. WTC 型瓦斯突出参数仪由主机、煤样罐、打印机、弹簧秤、秒表和组合分样筛等组成。(　　)

7. 残存瓦斯压力是指赋存在煤层孔隙中的游离瓦斯作用于孔隙壁的气体压力。(　　)

8. 瓦斯压力是突出危险性预测指标之一,是选择石门局部防突措施的主要依据。(　　)

9. 胶囊-密封黏液封孔法是应用最广泛的一种测压封孔方法。(　　)

10. 测压钻孔尽量选择在石门或岩巷中施工,应避开地质构造裂隙带、巷道卸压圈和采动影响范围等处。(　　)

第十一章　自救互救与安全避险

第一节　煤矿安全避险"六大系统"

煤矿安全避险系统是预防事故以及事故发生时开展自救互救、紧急避险而达到减少伤亡目的的重要技术保障。"六大系统"是指监测监控系统、人员定位系统、紧急避险系统、压风自救系统、供水施救系统和通信联络系统。煤矿应建立应急演练制度,科学确定避灾路线,编制应急预案,每年开展一次"六大系统"联合应急演练。加强入井人员培训,使其熟悉各种灾害情况的避灾路线,并能正确使用安全避险设施。

一、矿井监测监控系统

煤矿监测监控系统是指可以实现对煤矿井下瓦斯、一氧化碳浓度、温度、风速等动态监控的自动化系统。矿井监测监控系统中心站实行 24 h 值班制度,当系统发出报警、断电、馈电异常信息时,能够迅速采取断电、撤人、停工等应急处置措施,充分发挥其安全避险的预警作用。

二、煤矿井下人员定位系统

煤矿井下人员定位系统是指通过入井人员携带识别卡,确保能够实时掌握所有井下各个作业区域人员的动态分布及变化情况的系统。当紧急情况发生时,可以准确掌握井下作业人员的位置,为事故应急救援提供依据。

三、井下紧急避险系统

井下紧急避险系统是指为在灾害事故发生时,不能撤到安全区域人员建立的避险场所和设施。井下紧急避险系统包括临时避难硐室、永久避难硐室和救生舱。煤与瓦斯突出矿井应建设采区避难硐室;突出煤层的掘进巷道长度及采煤工作面走向长度超过500 m 时,必须在距离工作面 500 m 范围内建设避难硐室或设置救生舱。煤与瓦斯突出矿井以外的其他矿井,从采掘工作面步行,凡在自救器所能提供的额定防护时间内不能安全撤到地面的,必须在距离采掘工作面 1 000 m 范围内建设避难硐室或救生舱。紧急避险设施应具备安全防护、氧气供给保障、有害气体去除、环境监测、通讯、照明、动力供应、人员生存保障等基本功能,在无任何外界支持的条件下其额定防护时间不低于 96 h。

四、矿井压风自救系统

矿井压风自救系统是指为了实现所有采掘作业地点在灾变期间能够提供压风供气,为事故现场人员提供宝贵氧气的系统。空气压缩机一般设置在地面,而在深部多水平开采的矿井,空气压缩机安装在地面难以保证对井下作业点有效供风时,可在其供风水平以上 2 个水平的进风井井底车场安全可靠的位置安装。突出矿井的采掘工作面要设置压风自救装置。其他矿井掘进工作面要安设压风管路,并设置供气阀门。

五、矿井供水施救系统

矿井供水施救系统是指为了保证发生火灾、爆炸等事故现场人员用水的需要而事先配装的实时供水系统。《煤矿安全规程》要求建设完善防尘供水系统,除设置三通及阀门外,还要在所有采掘工作面和其他人员较集中的地点设置供水阀门,以保证各采掘作业地点在灾变期间能够实现提供应急供水的要求。

六、矿井通信联络系统

矿井通信联络系统是指保证一旦事故发生实施救援时畅通、有效地传递重要信息的系统。按照在灾变期间能够及时通知人员撤离和实现与避险人员通话的要求建设完善通信联络系统。在主副井绞车房、井底车场、运输调度室、采区变电所、水泵房等主要机电设备硐室和采掘工作面以及采区、水平最高点处安设电话。井下避难硐室、井下主要水泵房、井下中央变电所和突出煤层采掘工作面、爆破时撤离人员集中地点等,设有直通矿调度室的电话。要积极推广使用井下无线通讯系统、井下广播系统,以确保发生险情时,可及时通知井下人员撤离。

第二节　矿工自救与互救

自救互救是指矿井发生灾害事故时,在灾区的作业人员为妥善避灾、保护自己和救护他人而采取的措施及方法。

遇险煤矿作业人员自救和互救的成效如何,决定于现场准确高效的行动原则和正确的自救互救方法。自救互救是减少事故伤亡损失的重要环节。

一、井下发生灾害事故时的基本行动原则

1. 及时报告灾情

发生灾害事故后,事故地点附近的人员应尽量了解和判断事故性质、地点和灾害程度,并迅速利用最近处的电话或其他方式向矿调度室汇报,迅速向事故可能波及的区域发出警报,使其他工作人员尽快了解灾情。

2. 积极抢救

灾害事故发生后,处于灾区内以及受威胁区域的人员应沉着冷静。根据灾情和现场条件,在保证自身安全的前提下采取积极有效的方法和措施及时进行现场抢救,将事故消灭在初期阶段或控制在最小范围,最大限度地减少事故造成的损失。

3. 安全撤离

当受灾现场不具备事故抢救条件,或可能危及人员的安全时,应由现场负责人或有经验的老工人带领,根据矿井灾害事故应急预案中规定的撤退路线或根据当时的实际情况,尽量选择安全条件最好、距离最短的路线,迅速撤离危险区域。

4. 妥善避灾

如果无法撤退到安全地点,如通路被冒顶阻塞、在自救器有效工作时间内不能到达安全地点,应迅速进入固定避难硐室或临时避难硐室,妥善避灾,等待矿山救护队的援救,切忌盲目行动。

二、隔离式自救器及其使用

自救器是一种轻便、便于携带、戴用迅速的个人呼吸保护装备。当井下发生火灾、爆炸、煤(岩)与瓦斯(二氧化碳)突出等事故时,供人员佩戴和使用,可有效防止中毒或窒息。《煤矿安全规程》规定,入井人员必须随身携带自救器。

煤矿必须使用隔离式自救器。隔离式自救器能防护所有的有害气体,它的作用包括提供氧气防止窒息和防止有害气体中毒。隔离式自救器包括化学氧自救器和压缩氧自救器2种。

(一)化学氧自救器

化学氧自救器是指利用化学生氧物质产生氧气的隔离式呼吸保护器。它用于灾区环境大气中缺氧或存在有毒有害气体的环境,供一般入井人员使用,只能使用1次。

1. 使用方法

(1)佩戴位置。将专用腰带穿入自救器腰带环内,固定在背部右侧腰间,如图11-1(a)所示。

(2)开启扳手。使用时先将自救器沿腰带转到右侧腹前,左手托底,右手拉护罩胶片,使护罩挂钩脱离壳体,再用右手掰锁口带扳手至封印条断开后,丢开锁口带,如图11-1(b)所示。

(3)去掉上外壳。左手抓住下外壳,右手将上外壳用力拔下、扔掉,如图11-1(c)所示。

(4)套上挎带。将挎带套在脖子上,如图11-1(d)所示。

(5)提起口具并立即戴好。拔出启动针,使气囊逐渐鼓起,立即拔掉口具塞并同时将口具塞入口中,口具片置于唇齿之间,牙齿紧紧咬住牙垫,紧闭嘴唇,如图11-1(e)所示。

(6)夹好鼻夹。两手同时抓住两个鼻夹垫的圆柱形把柄,将弹簧拉开,憋住一口气,使鼻夹垫准确地夹住鼻子。

(7)调整挎带。如果挎带过长,抬不起头,可以拉动挎带上的大圆环,使挎带缩短,长度适宜后,系在小圆环上,如图11-1(f)所示。

(8)退出灾区。上述操作完成后,开始撤离灾区。途中感到吸气不足时不要惊慌,应放慢脚步,做深呼吸,待气量充足后再快步行走。

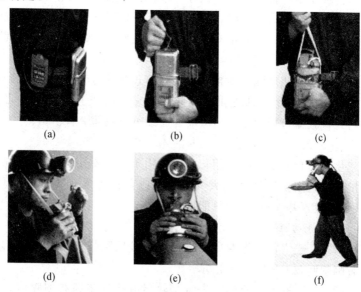

图 11-1　化学氧自救器使用方法
(a) 佩戴位置;(b) 开启扳手;(c) 去掉上外壳;
(d) 套上挎带;(e) 提起口具并立即戴好;(f) 调整挎带

2. 使用注意事项

(1) 每班携带自救器前,应检查自救器外壳有无损伤或松动,如发现不正常现象应及时将自救器送到发放室检查校验。

(2) 携带自救器时,应避免碰撞、跌落,禁止将自救器当坐垫用;禁止用尖锐的器具猛砸外壳或药罐;禁止自救器接触带电体或浸泡在水中。

(3) 携带自救器时,任何场所不准随意打开自救器上壳;如果自救器外壳已意外开启,应立即停止携带,做报废处理。

(4) 在井下工作时,一旦发现事故征兆,应立即佩戴自救器后迅速撤离。佩戴自救器要求操作准确、迅速。

(5) 佩戴自救器撤离火区时,要冷静、沉着,最好匀速行走。

（6）在整个逃生过程中,要注意把口具、鼻夹戴好,保证不漏气,严禁从嘴中取下口具说话。

（7）吸气时,比平时正常吸气干、热一些,表明自救器在正常工作,对人体无害,此时千万不可取下自救器。

（8）当发现呼气时气囊瘪而不鼓,并渐渐缩小时,表明自救器的使用时间已接近终点,要做好应急准备。

（二）压缩氧自救器

压缩氧自救器是指利用压缩氧气供氧的隔离式呼吸保护器。它用于灾区环境大气中缺氧或存在有毒有害气体的情况,是一种可反复多次使用的自救器,每次使用后只需要更换吸收二氧化碳的吸收剂和重新充装氧气即可重复使用。

1. 佩戴方法

（1）携带时,挎在肩膀上。

（2）使用时,先打开外壳封口带手把。

（3）打开上盖,然后左手抓住氧气瓶,右手用力向上提上盖,此时氧气瓶开关即可自动打开,随后将主机从下壳中搜出。

（4）摘下安全帽,挎上挎带,戴好安全帽。

（5）拔开口具塞,将口具放入口腔里,牙齿咬住牙垫。

（6）将鼻夹夹在鼻子上,开始呼吸。

（7）在呼吸的同时,按动补给按钮,大约 $1\sim2$ s,气囊充满后立即停止(在使用过程中发现气囊供气不足时,按上述方法操作)。

（8）挂上腰钩。

2. 使用注意事项

（1）在携带过程中要防止碰撞自救器,严禁将自救器当坐垫使用。

（2）携带过程中严禁开启扳把。

（3）佩戴压缩氧自救器行走时要匀速行走,应保持呼吸均匀,禁止狂奔和取下鼻夹、口具或通过口具讲话。

（4）自救器不能使用或失效时,应用湿毛巾捂住口鼻,匍匐前行至安全地点。

三、井下发生各类灾害事故时的自救与互救

（一）发生瓦斯、煤尘爆炸事故时的自救与互救

1. 发生瓦斯、煤尘爆炸时的自救与互救措施

井下人员一旦遇到或发现瓦斯爆炸时，需要沉着、冷静，保持清醒的头脑，临危不乱，采取措施进行自救。其具体方法如下：

（1）背向空气震动冲击波到来的方向，俯卧倒地，面部贴在地面以降低身体高度，避开冲击波的强力冲击，并暂时屏住呼吸，用湿毛巾捂住口鼻，防止把火焰吸入肺部造成内部烧伤。

（2）最好用衣物盖住身体，尽量减少身体暴露面积，以减少烧伤。

（3）爆炸后要迅速按规定佩戴好自救器，辨清方向，沿正确的避灾路线撤退。撤退前要根据矿井灾害事故应急预案确定撤退的路线，尽量选择安全条件好、距离短的避灾路线。

（4）尽快撤离灾区，到达新鲜空气的安全地点中。若巷道破坏严重或后路被堵出不去，不知撤退是否安全时，可以到避难硐室、救生舱或支护较完整的安全地点躲避，等待救援。

2. 掘进工作面发生瓦斯、煤尘爆炸时的自救与互救措施

如果发生小型爆炸，掘进巷道和支护基本未遭破坏，遇险煤矿作业人员未受直接伤害或受伤不重时，应立即打开随身携带的自救器，佩戴好自救器后迅速撤出受灾巷道到达新鲜风流中。对于附近的伤员，要协助其佩戴好自救器，帮助撤出危险区或设法抬运到新鲜风流中。如果发生大型爆炸，巷道遭到破坏，退路被阻时，应佩戴好自救器，积极疏通巷道，尽快撤退到新鲜空气中。如果巷道难以疏通，可以利用一切可能的条件，搭建临时简易避难硐室，等待救援，并利用好压风管、水管、风筒等改善避难地点生存条件。

3. 采煤工作面发生瓦斯、煤尘爆炸时的自救与互救措施

如果进回风巷道没有垮落堵死，通风系统破坏不大，所产生的有害气体较易排除，在这种情况下采煤工作面进风侧的人员一般不会受到严重伤害，应迎风撤出灾区。回风侧的人员要迅速佩戴、使用自救器，经最近的路线进入进风侧。如果爆炸造成冒顶，人员

应立即佩戴自救器,设法撤到新鲜空气区域或救生舱;如果不能做到就应临时搭建避难简易硐室,静卧待救。

（二）发生煤与瓦斯突出时的自救与互救

采煤工作面发生煤与瓦斯突出或出现预兆时,要以最快的速度通知人员迅速向进风侧撤离。撤离中快速打开隔离式自救器并佩戴好,迎着新鲜风流继续外撤。如果距离新鲜风流太远,应首先到避难硐室内避灾,或利用压风自救系统进行自救。

掘进工作面发生煤与瓦斯突出或出现预兆时,必须迅速向外撤至防突反向风门之外,之后把防突风门关好,然后继续外撤。

（三）发生矿井火灾事故时的自救与互救

井下发生火灾时,首先要抓住时机在火势较小并保证安全的情况下开展灭火工作。如果火势较大不能控制,要立即组织撤离,其间要注意科学自救互救,互相照应、互相帮助。

（1）首先要尽可能迅速了解和判明事故的地点、范围和事故区域的巷道情况、通风系统、风流及火灾烟气蔓延的速度、方向以及与自己所处巷道位置之间的关系,并根据矿井灾害预防和处理计划及现场的实际情况,确定撤退路线和避灾自救方法。

（2）位于火源进风侧的人员,应迎着新鲜空气撤退。位于火源回风侧的人员或在撤退途中遇到烟气有中毒危险时,应迅速戴好自救器,尽快通过捷径进入新鲜空气中或在烟气没有到达之前顺着风流尽快从回风出口撤到安全地点;如果距火源较近且越过火源没有危险时,也可迅速穿过火区撤到火源的进风侧。

（3）撤退行动既要迅速果断,又要快而不乱,不能狂奔乱跑。撤退中应靠巷道有联通出口的一侧行进,避免错过脱离危险区的机会,同时还要随时注意观察巷道和风流的变化情况,谨防火风压可能造成的风流逆转。

（4）在烟雾大、视线不清的情况下,应摸着巷道壁前进,以免错过联通出口。有压风管、水管的巷道,要注意利用这些管线的引领作用。

（5）在有烟雾的巷道里撤退时,在烟雾不严重的情况下,即使为了加快速度也不应直立奔跑,而应尽量躬身弯腰,低着头快速前进;如遇烟雾大、视线不清或温度高的情况时,则应尽量贴着巷道底板和巷壁,摸着轨道或管道等物爬行撤退。

（6）在高温浓烟的巷道撤退时,应利用巷道内的水浸湿毛巾、衣物,或向身上淋水进行降温,或利用随身物件等遮挡头面部,以防高温烟气的刺激。还应避开通风条件差、瓦斯浓度高、可能会爆炸的巷道。

（7）如果在自救器有效作用时间内不能安全撤出时,应在设有储存备用自救器的硐室换用自救器后再行撤退,或者撤到避难硐室待救。

（8）如果无论是逆风还是顺风撤退,都无法躲避着火巷道或火灾烟气可能造成的危害,则应迅速进入避难硐室;没有避难硐室时应在烟气袭来之前,选择合适的地点就地利用现场条件,快速构筑临时避难硐室,进行避灾自救。

（四）发生矿井透水事故时的自救与互救

1. 透水后现场人员撤退时的注意事项

（1）透水后,应在可能的情况下迅速观察和判断透水的地点、水源、涌水量,根据灾害事故应急预案中规定的撤退路线,迅速撤退到透水地点以上的水平,而不能进入透水地点附近及下方的独头巷道。

（2）行进中,应靠近巷道一侧,抓牢支架或其他固定物体,尽量避开压力水头和泄水流,并注意防止被水中滚动的矸石和木料撞伤。

（3）如果透水破坏了巷道中的照明和路标,迷失行进方向时,遇险人员应朝着有风流通过的上山巷道方向撤退。

（4）在撤退沿途和所经过的巷道交叉口,应留设指示行进方向的明显标志,以提示救援人员注意。

（5）人员撤退到立井须从梯子间上去时,应遵守秩序,禁止慌乱和争抢。行动中手要抓牢,脚要蹬稳,切实注意自己和他人的安全。

（6）如果唯一的出口被水封堵而无法撤退时，应有组织地在独头上山工作面躲避，等待救护人员的营救。严禁盲目潜水逃生。

2. 透水后被围困时的避灾自救措施

（1）当现场人员被涌水围困无法撤出时，应迅速进入避难硐室中，或选择合适地点快速建筑临时避难硐室避灾。如果系老窑透水，则须在避难硐室处建临时挡墙或吊挂风帘，防止被涌出的有毒有害气体伤害。在进入避难硐室前，应在硐室外留设明显标志。

（2）在避灾期间，遇险煤矿作业人员要保持良好的精神状态，情绪安定、自信乐观、意志坚强。要做好长时间的避灾准备，使用1台矿灯照明或间歇照明，关闭其他矿灯。除轮流担任岗哨观察水情的人员外，其余人员均应静卧，以减少体力和氧气消耗。

（3）避灾时，应用敲击的方法有规律、间断地发出呼救信号，向营救人员指示躲避处的位置。

（4）长时间被困在井下，发觉救护人员到来营救时，避灾人员不可过度兴奋和慌乱，以防发生意外。

（五）发生冒顶事故时的自救与互救

1. 采煤工作面冒顶时的自救与互救措施

（1）迅速撤退到安全地点。当发现工作地点有即将发生冒顶的征兆，而当时又难以采取措施防止采煤工作面顶板冒落时，最好的避灾措施是迅速离开危险区，撤退到安全地点。

（2）遇险时要靠煤帮贴身站立或到木垛处避灾。从采煤工作面发生冒顶的实际情况来看，顶板沿煤壁冒落是很少见的。因此，当发生冒顶来不及撤退到安全地点时，遇险者应靠煤帮贴身站立避灾，但要注意煤壁片帮伤人。另外，冒顶时可能将支柱压断或推倒，但在一般情况下不可能压垮或推倒质量合格的木垛。因此，如果遇险者所在位置靠近木垛时，可撤至木垛处避灾。

（3）遇险后立即发出呼救信号。冒顶对人员的伤害主要是砸伤、掩埋或隔堵。冒落基本稳定后，遇险者应立即采用呼叫、敲打（如敲打物料、岩块，若可能造成新的冒落时则不能敲打只能呼叫）等方法，发出有规律、不间断的呼救信号，以便救护人员和撤出人员了解灾情,组织力量进行抢救。

(4) 遇险人员要积极配合外部的营救工作。冒顶后被煤矸、物料等埋压的人员,不要惊慌失措,在条件不允许时切忌采用猛烈挣扎的办法脱险,以免造成事故扩大。被冒顶隔堵的人员,应在遇险地点有组织地维护好自身安全,构筑脱险通道,配合外部的营救工作,为提前脱险创造良好条件。

(5) 被埋压人员挖出后应首先清理呼吸道,然后根据伤情(呼吸、心跳、出血、骨折等)进行相关现场急救。

2. 独头巷道冒顶被堵人员的避灾自救措施

(1) 遇险人员要沉着冷静,切忌惊慌失措,要树立信心,应迅速组织起来,团结协作,尽量减少体力和隔堵区的氧气消耗,做好较长时间的避灾准备,使用1台矿灯照明或间歇照明,关闭其他矿灯。

(2) 如果人员被困地点有压风管路,应打开压风管路闸阀,给被困人员输送新鲜空气,但被困人员应注意保暖。

(3) 如果人员被困地点有电话,应立即用电话汇报灾情、遇险人数和计划采取的避灾自救措施;也可采用敲击钢轨、管道和岩石等物体的方法,发出有规律的呼救信号,并每隔一定时间敲击1次,不间断地发出信号,以便营救人员了解灾情,组织力量进行抢救。

(4) 维护加固冒落地点和人员躲避处的支架,并经常派人检查,以防止冒顶进一步扩大,保障被堵人员避灾时的安全。

第三节　现 场 急 救

一、现场急救技术

现场急救技术包括人工呼吸、心脏复苏、止血、创伤包扎、骨折临时固定和伤员搬运等技术。

(一)人工呼吸

人工呼吸适用于触电休克、溺水、有害气体中毒、窒息或外伤窒息等引起的呼吸停止、假死状态者。如果伤员呼吸停止不久,大都能通过人工呼吸抢救过来。

在施行人工呼吸前,先要将伤员运送到安全、通风良好的地点,将伤员领口解开,放松腰带,保持体温,腰背部下垫放柔软的衣服等。各种有效的人工呼吸必须在呼吸道畅通的前提下进行,因此,应先清除伤员口中异物,把舌头拉出或压住,防止舌头堵住喉咙妨碍呼吸。常用的人工呼吸方法有口对口吹气法、仰卧压胸法和俯卧压背法 3 种。

1. 口对口吹气法

口对口吹气法是效果最好、操作最简单的一种方法。操作前使伤员仰卧,救护者在伤员头部的一侧,一手托起伤员下颌,并尽量使其头部后仰;另一手将其鼻孔捏住,以免吹气时从鼻孔漏气。救援人员自己深吸一口气,对紧伤员的口将气吹入,使伤员吸气;然后,松开捏住鼻子的手,并用手压其胸部以帮助伤员呼气。如此有节律地、均匀地反复进行,每分钟吹气 14～16 次。注意吹气时切勿过猛、过短,也不宜过长,以占一次呼吸周期的 1/3 为宜。其具体操作如图 11-2 所示。

(a)　　　　　　　　(b)　　　　　　　　(c)

图 11-2　口对口吹气法

（a）捏鼻张嘴;（b）贴紧吹气;（c）放松换气

2. 仰卧压胸法

仰卧压胸法为让伤员仰卧,救护者跨跪在伤员大腿两侧,两手拇指向内,其余四指向外伸开,平放在伤员胸部两乳头之下,借助上半身重力压伤员胸部,挤出伤员肺内空气;然后,救护者身体后仰,除去压力,伤员胸部依其弹性自然扩张,使空气吸入肺内。如此有节奏地进行,每分钟 16～20 次。其具体操作如图 11-3 所示。

此法不适用于胸部外伤或二氧化硫、二氧化氮中毒者,也不能与胸外心脏按压法同时进行。

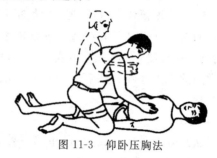

图 11-3　仰卧压胸法

3. 俯卧压背法

俯卧压背法与仰卧压胸法在操作上大致相同,只是使伤员俯卧,救护者跨跪在伤员两大腿外侧。因为用这种方法做人工呼吸有利于伤员排出肺内水分,因而用于对溺水人员的急救较为适合。其具体操作如图 11-4 所示。

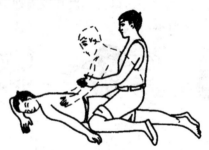

图 11-4　俯卧压背法

(二)心脏复苏

心脏复苏操作主要有心前区叩击术和胸外心脏按压术 2 种方法。

1. 心前区叩击术

心前区叩击术是指伤员心脏骤停后救护者立即叩击心前区,叩击力应中等,一般可连续叩击 3～5 次,并观察伤员脉搏、心跳。若心脏恢复则表示复苏成功;反之,应立即改用胸外心脏按压术。操作时,应使伤员头低脚高,施术者以左手掌置其心前区,右手握拳,从距患者胸部上方约 40～50 cm 处,向左手背上叩击。

2. 胸外心脏按压术

胸外心脏按压术适用于各种原因造成的心跳骤停者。在进行胸外心脏按压前,应先用心前区叩击术,如果叩击无效,应及时正确地进行胸外心脏按压。其操作方法是:首先将伤员仰卧于木板上或地上,解开其上衣和腰带,脱掉胶鞋。救护者位于伤员左侧,手掌面与前臂垂直,将另一手掌压于其上,使双手重叠,置于伤员胸骨中下 1/3 处(其下方为心脏),以双肘和臂肩之力,有节奏、冲击式地向脊柱方向用力按压,使成人胸骨压下陷至少 5 cm;按压后,迅速抬手使胸骨复位,以利于心脏的舒张。按压次数以每分钟 80～100 次为宜。按压过快,心脏舒张不够充分,心室内血液不能完全充盈;按压过慢,动脉压力低,效果也不好。

使用胸外心脏按压术时的注意事项:

(1) 按压的力量应因人而异。对身强力壮的伤员,按压力量可大些;对年老体弱的伤员,力量宜小些。按压时要稳健有力、均匀规则,重力应放在手掌根部,着力仅在胸骨处,切勿在心尖部按压,同时注意用力不能过猛;否则可致肋骨骨折、心包积血或引起气胸等。

(2) 胸外心脏按压与口对口吹气法最好同时施行,无论单人心肺复苏还是双人心肺复苏,均为每按压心脏 30 次,做口对口人工呼吸 2 次。

(3) 按压显效时,可摸到伤员颈总动脉、股动脉开始搏动,散大的瞳孔开始缩小,口唇、皮肤转为红润。

(三) 止血

止血方法很多,常用的有指压止血法、加垫屈肢止血法、止血带止血法和加压包扎止血法。

1. 指压止血法

在伤口附近靠近心脏一端的动脉处,用拇指压住出血的血管,以阻断血流。此法可作为四肢大出血的暂时性止血措施。在指压止血的同时,应立即寻找材料,准备换用其他止血方法。各部位的止血压点及其止血区域如图 11-5 所示。

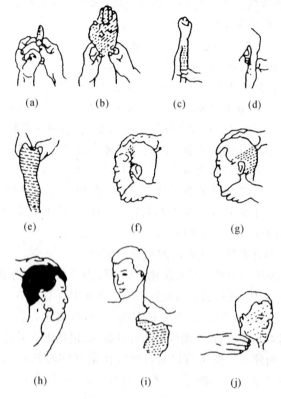

图 11-5　指压止血法

（a）手指止血；（b）手掌止血；（c）前臂止血；（d）肱骨动脉止血；
（e）下肢股动脉止血；（f）前头部止血；（g）后头部止血；（h）面部止血；
（i）锁骨下动脉止血；（j）颈动脉止血

2. 加垫屈肢止血法

当前臂和小腿动脉出血不能制止时，如果没有骨折和关节脱位，这时可采用加垫屈肢止血法止血。在肘窝处或膝窝处放入叠好的毛巾或布卷，然后屈肘关节或屈膝关节，再用绷带或宽布条等将前臂与上臂或小腿与大腿固定。其具体操作如图 11-6 所示。

3. 止血带止血法

当上肢或下肢大出血时，在井下可就地取材，使用胶管或止血带等材料采用止血带止血法压迫出血伤口的近心端进行止血。

图 11-6 加垫屈肢止血法

(1)止血带的使用方法:① 在伤口近心端上方加垫。② 急救者左手拿止血带,上端留 13～17 cm,紧贴加垫处。③ 右手拿止血带长端,拉紧环绕伤肢伤口近心端上方 2 周,然后将止血带交左手中、食指夹紧。④ 左手中、食指夹止血带,顺着肢体下拉成环。⑤ 将上端一头插入环中拉紧固定。⑥ 在上肢应扎在上臂的上1/3处,在下肢应扎在大腿的中下 1/3 处。其具体操作如图11-7所示。

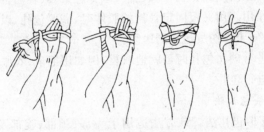

图 11-7 止血带止血法

(2)止血带使用注意事项:① 扎止血带前,应先将伤肢抬高,防止肢体远端因淤血而增加失血量。② 扎止血带时要有衬垫,不能直接扎在皮肤上,以免损伤皮下神经。③ 前臂和小腿不适于扎止血带,因其均有 2 根平行的骨骼,骨间可通血流,所以止血效果差。但在肢体离断后的残端可使用止血带,应尽量扎在靠近残端处。④ 禁止扎在上臂的中段,以免压伤桡神经,引起腕下垂。⑤ 止血带的压力要适中,以既达到阻断血流又不损伤周围组织为度。⑥ 止血带止血持续时间一般不应超过 1 h,时间太长可导致肢体坏死;太短会使出血、休克进一步恶化。因此,使用止血带的伤员必须配有明显标志,并准确记录开始扎止血带的时间,每0.5～1 h缓慢放松1次止血带,放松时间为1～3 min,此时可抬高伤肢压迫局部止血;再扎止血带时应在稍高的平面上绑扎,不可在同一部位反复绑扎。使用止血带以不超过2 h为宜,应尽快将伤员送到医院救治。

4. 加压包扎止血法

加压包扎止血法主要适用于静脉出血的止血。其做法是:首先将干净的纱布、毛巾或布料等盖在伤口处,然后用绷带或布条适当加压包扎,即可止血。压力的松紧度以能达到止血而不影响伤肢血液

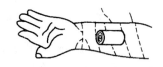

图 11-8　加压包扎止血法

循环为宜。其具体操作如图11-8所示。

(四)创伤包扎

包扎的目的是保护伤口和创面,减少感染,减轻痛苦。加压包扎有止血作用。用夹板固定骨折的肢体时,需要包扎,以减少继发性损伤,也便于将伤员运送到医院。

现场进行创伤包扎时可就地取材,例如用毛巾、衣服撕成的布条等物品进行包扎。

1. 布条包扎法

(1)环形包扎法。该方法适用于头部、颈部、腕部及胸部、腹部等处的包扎。将布条作环行重叠缠绕肢体数圈后即成。

(2)螺旋包扎法。该方法用于前臂、下肢和手指等部位的包扎。先用环形法固定起始端,把布条渐渐地斜旋上缠或下缠,每圈压前圈的1/2或1/3,呈螺旋形,尾部在原位上缠2圈后予以固定。其具体操作如图11-9所示。

(3)螺旋反折包扎法。该方法多用于粗细不等的四肢包扎。开始先做螺旋形包扎,待到渐粗的地方,以一手拇指按住布条上面,另一手将布条自该点反折向下并遮盖前圈的1/2或1/3。各圈反折须排列整齐,反折头不宜在伤口和骨头突出部分。其具体

操作如图 11-10 所示。

（4）"8"字包扎法。该方法多用于关节处的包扎。先在关节中部环形包扎 2 圈，然后以关节为中心，从中心向两边缠，一圈向上，一圈向下，2 圈在关节屈侧交叉，并压住前圈的 1/2。其具体操作如图 11-11 所示。

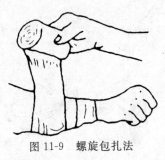

图 11-9　螺旋包扎法

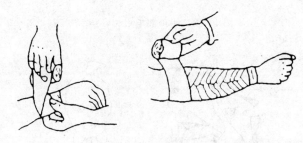

图 11-10　螺旋反折包扎法

2. 毛巾包扎法

（1）头顶部包扎法。将毛巾横盖于头顶部，包住前额，两前角拉向头后打结，两后角拉向下颌打结。其具体操作如图 11-12 所示。或者是将毛巾横盖于头顶部，包住前额，两前角拉向头后打结，然后两后角向前折叠，左右交叉绕到前额打结，如果毛巾太短可接带子。其具体操作如图 11-13 所示。

（2）面部包扎法。将毛巾横置，盖住面部，向后拉紧毛巾的两端，在耳后将两端的上、下角交叉后分别打结，在眼、鼻、嘴处剪洞。其具体操作如图 11-14 所示。

图 11-11 "8"字包扎法

图 11-12 头顶部毛巾包扎法一

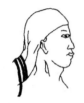 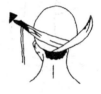

图 11-13 头顶部毛巾包扎法二

图 11-14 面部包扎法

（3）下颌包扎法。将毛巾纵向折叠成四指宽的条状,在一端扎一小带,毛巾中间部分包住下颌,两端上提,小带经头顶部在另一侧耳前与毛巾交叉,然后小带绕前额及枕部与毛巾另一端打结。

（4）肩部包扎法。单肩包扎时将毛巾斜折放在伤侧肩部,腰边穿带子在上臂固定,叠角向上折,一角盖住肩的前部,从胸前拉向对侧腋下,另一角向上包住肩部,从后背拉向对侧腋下打结。

（5）胸部包扎法。全胸包扎时将毛巾对折，腰边中间穿带子，由胸部围绕到背后打结固定。胸前的 2 片毛巾折成三角形，分别将角上提至肩部，包住双侧胸，两角各加带过肩到背后与横带相遇打结。其具体操作如图 11-15 所示。

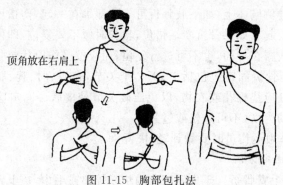

顶角放在右肩上

图 11-15　胸部包扎法

（6）背部包扎法。该方法与胸部包扎法相同。

（7）腹部包扎法。将毛巾斜对折，中间穿小带，小带的两头拉向后方，在腰部打结，使毛巾盖住腹部。将上、下两片毛巾的前角各扎一小带，分别绕过大腿根部与毛巾的后角在大腿外侧打结。

（8）臂部包扎法。该方法与腹部包扎法相同。

3. 包扎注意事项

（1）在包扎时，应做到动作迅速敏捷，不触碰伤口，以免引起出血、疼痛和感染。

（2）不能用井下的污水冲洗伤口。伤口表面的异物（如煤块、矸石等）应去除，但伤口深部异物须由医院处理，防止重复感染。

（3）包扎动作要轻柔，松紧度要适宜，不可过松或过紧，结头不要打在伤口上，应使伤员体位舒适，绷扎部位应维持在功能位置。

（4）脱出的内脏不可拿回腔内，以免造成体腔内感染。

（5）包扎范围应超出伤口边缘 5～10 cm。

（五）骨折临时固定

骨折临时固定可减轻伤员的疼痛，防止因骨折端移位而刺伤邻近组织、血管和神经，也是防止创伤休克的有效急救措施。

1. 操作要点

(1) 在进行骨折固定时,应使用夹板、绷带、三角巾、棉垫等物品。手边没有上述物品时,可就地取材,如使用树枝、木板、木棍、硬纸板、塑料板、衣物、毛巾等代替。必要时也可将受伤肢体固定于伤员健侧肢体上,如下肢骨折可与健侧绑在一起,伤指可与邻指固定在一起。如果骨折断端错位,救护时暂不要复位,即使断端已穿破皮肤露在外面,也不可进行复位,而应按受伤原状包扎固定。

(2) 骨折固定应包括上、下 2 个关节,在肩、肘、腕、股、膝、踝等关节处应垫棉花或衣物,以免压破关节处皮肤。固定应以伤肢不能活动为度,不可过松或过紧。

(3) 搬运伤员时要做到轻、快、稳。

2. 固定方法

(1) 上臂骨折。于患侧腋窝内垫以棉垫或毛巾,在上臂外侧安放垫衬好的夹板或其他代用物后开始绑扎。绑扎后,使肘关节屈曲 90°,将患肢捆于胸前,再用毛巾或布条将其悬吊于胸前。其具体操作如图 11-16 所示。

(2) 前臂及手部骨折。用衬好的两块夹板或代用物,分别置放在患侧前臂及手的掌侧及背侧,以布带绑好,再以毛巾或布条将前臂吊于胸前。其具体操作如图 11-17 所示。

图 11-16　上臂骨折　　　　　图 11-17　前臂及手部
　　　固定包扎法　　　　　　　　骨折固定包扎法

(3) 大腿骨折。用长木板放在患肢及躯干外侧,将髋关节、大腿中段、膝关节、小腿中段、踝关节同时固定。

（4）小腿骨折。用长、宽合适的木夹板两块,自大腿上段至踝关节分别在内外两侧捆绑固定。

（5）骨盆骨折。用衣物将骨盆部包扎住,并将伤员两下肢互相捆绑在一起,膝、踝间加以软垫,屈髋、屈膝。要多人将伤员仰卧平托在木板担架上。有骨盆骨折者,应注意检查伤者有无内脏损伤及内出血。

（6）锁骨骨折。以绷带作"∞"形固定,固定时双臂应向后伸。

（六）伤员运送

井下条件复杂,转运伤员时要尽量做到轻、稳、快。没有经过初步固定、止血、包扎和抢救的伤员,一般不应转运。运送时应做到不增加伤员的痛苦,避免造成新的损伤及并发症。伤员运送时应注意以下事项:

（1）呼吸、心搏骤停及休克昏迷的伤员应先及时复苏后再搬运。若现场没有懂得复苏技术的人员,则可为争取抢救的时间而迅速向外搬运,去迎接救护人员进行及时抢救。

（2）对昏迷或有窒息症状的伤员,要将其肩部稍垫高,使头部后仰,面部偏向一侧或采用侧卧位,以防胃内呕吐物或舌头后坠堵塞气管而造成窒息,注意随时都要确保呼吸道的通畅。

（3）一般伤员可用担架、木板、风筒、刮板输送机槽、绳网等物品运送,但脊柱损伤和骨盆骨折的伤员应用硬板担架运送。

（4）对一般伤员均应先行止血、固定、包扎等初步救护后,再进行转运。

（5）一般外伤的伤员,可平卧在担架上,抬高伤肢;胸部外伤的伤员可取半坐位;有开放性气胸者,须封闭包扎后才可转运。腹腔部内脏损伤的伤员,可平卧,用宽布带将腹腔部捆在担架上,以减轻痛苦及出血。骨盆骨折的伤员可仰卧在硬板担架上,屈髋、屈膝,膝下垫软枕或衣物,用布带将骨盆捆在担架上。

（6）搬运胸、腰椎损伤的伤员时,先把硬板担架放在伤员旁边,由专人照顾患处,另有2～3人在旁帮其保持脊柱伸直位,同时用力轻轻将伤员推移到担架上,推动时用力大小、快慢要保持一致,要保证伤员脊柱不弯曲。伤员在硬板担架上取仰卧位,受伤部位垫上薄垫或衣物,使脊柱呈过伸位,严禁坐位或肩背式搬运。

(7)对脊柱损伤的伤员,要严禁让其坐起、站立和行走,也不能用1人抬头、1人抱腿或人背的方法搬运,因为脊柱损伤后再弯曲活动时,有可能损伤脊髓而造成伤员截瘫甚至突然死亡,所以在搬运时要十分小心。在搬运颈椎损伤的伤员时,要专有1人抱持伤员的头部,轻轻地向水平方向牵引,并且固定在中立位,不使颈椎弯曲,严禁左右转动。搬运者多人双手分别托住颈肩部、胸腰部、臀部及两下肢,同时用力移上担架,取仰卧位。担架应用硬木板,肩下应垫软枕或衣物,使颈椎呈伸展样(颈下不可垫衣物),头部两侧用衣物固定,防止颈部扭转且忌抬头。若伤员的头和颈已处于曲歪位置,则须按其自然固有姿势固定,不可勉强纠正,以避免损伤脊髓而造成高位截瘫,甚至突然死亡。

(8)转运时应让伤员的头部在后面,随行的救护人员要时刻注意伤员的面色、呼吸、脉搏,必要时要及时抢救。随时注意观察伤口是否继续出血、固定是否牢靠,出现问题要及时处理。走上、下山时,应尽量保持担架平衡,防止伤员从担架上滚落下来。

(9)将伤员运送到井上后,应向接管医生详细介绍受伤情况及检查、抢救经过。

二、煤矿各种伤害的救治

(一)创伤性休克

创伤性休克是由于剧烈打击、重要脏器损伤、大出血使有效循环血量锐减,以及剧烈疼痛、恐惧等多种因素综合形成的。

1. 判断早期休克

判断早期休克可采用"一看二摸"的方法。

(1)看神志。休克早期,伤员兴奋、烦躁、焦虑或激动,随着病情发展,脑组织缺氧加重,伤员表现淡漠、意识模糊,至晚期则昏迷。

(2)看面颊、口唇和皮肤色泽。休克早期,外周小血管收缩,色泽苍白;后期则因缺氧、淤血,色泽青紫。

（3）看表浅静脉。休克后颈及四肢浅表静脉萎缩。

（4）摸脉搏。休克代偿期，周围血管收缩，心率增快。收缩压下降前可以摸到脉搏增快，这是早期诊断的重要依据。

（5）摸肢端温度。肢端温度降低，四肢冰凉。

2. 对创伤性休克人员的现场急救

创伤性休克的现场救治是为了消除创伤的不利因素影响，弥补由于创伤所造成的机体代谢的紊乱，调整机体的反应，动员机体的潜在功能以对抗休克。

（1）患者平卧，保持安静，避免过多搬动，注意保温和防暑。

（2）对创口予以止血和简单清洁包扎，以防再次污染；对骨折要做初步固定。

（3）保持呼吸道通畅，昏迷患者头应侧向，并将其舌牵出口外。

（4）抓紧时间送医院抢救。

（二）冒顶挤压伤害

发生冒顶挤压人员时，由于身体肌肉丰富的部位如大腿、臀部或腰背部受到重物的挤压，使受压部分组织坏死，随之引起肢体肿胀、休克和急性肾衰竭等症状，称为挤压综合征。

1. 挤压伤害的症状

（1）肢体肿胀。受压部位会出现压痕、变硬、皮下出血、水泡、肿胀、红斑等，呈暗褐色，甚至皮肤脱落。

（2）感觉异常。受压部位会出现感觉减退或麻木，伸展会引起疼痛，周围脉搏仍会存在。

2. 对挤压伤害人员的现场急救

（1）搬除重物。要搬除压在身上的重物，并及时清除其口、鼻处异物，保持呼吸道通畅。

（2）立即制动。伤员取平卧位，对肿胀的肢体不移动或减少活动，将伤肢暴露在凉爽处或用凉水降低伤肢温度（冬季要注意防止冻伤），对伤肢不抬高、不按摩、不热敷。在骨折处做临时固定，对出血者做止血处理。

（3）及时止血。对开放性伤口和活动性出血者，应予止血，不加压包扎，更不上止血带（大血管断裂出血时例外）。

（4）抓紧时间送往医院。

（三）有害气体中毒或窒息

对有害气体中毒或窒息人员应采取以下急救措施：

（1）立即将伤员从危险区抢运到新鲜空气中，并安置在顶板良好、无淋水的地点。

（2）立即将伤员口、鼻内的黏液、血块、泥土、碎煤等除去，并解开其上衣和腰带，脱掉胶鞋。

（3）用衣服覆盖在伤员身上用以保暖。

（4）根据心跳、呼吸、瞳孔等生命体征和伤员的神志情况，初步判断伤情的轻重。正常人每分钟心跳 60～80 次、呼吸 16～18 次，两眼瞳孔是等大、等圆的，遇到光线能迅速收缩变小，而且神志清醒。休克伤员的两瞳孔不一样大，对光线反应迟钝或不收缩。对呼吸困难或停止呼吸者，应及时进行人工呼吸。当出现心跳停止的现象（心音、脉搏消失、瞳孔完全散大、固定，意志消失）时，除进行人工呼吸外，还应同时进行胸外心脏按压急救。

（5）对二氧化硫和二氧化氮的中毒者只能进行口对口的人工呼吸，不能进行压胸或压背法人工呼吸，否则会加重伤情。当伤员出现眼红肿、流泪、畏光、喉痛、咳嗽、胸闷现象时，说明是受二氧化硫中毒所致。当出现眼红肿、流泪、喉痛及手指、头发呈黄褐色现象时，说明是二氧化氮中毒所致。

（6）人工呼吸持续的时间以恢复自主性呼吸或到伤员真正死亡时为止。当救护队来到现场后，应转由救护队用苏生器苏生。

（四）触电

对触电人员应采取以下急救措施：

（1）立即切断电源或使触电者脱离电源。

（2）迅速观察伤员有无呼吸和心跳。如果发现已停止呼吸或心音微弱，应立即进行人工呼吸或胸外心脏按压。

（3）如果呼吸和心跳都已停止时，应同时进行人工呼吸和胸外心脏按压。

（4）对遭受电击者,如果有其他损伤(如跌伤、出血等),应做相应的急救处理。

（五）烧伤

煤矿作业人员烧伤的急救要点可概括为以下 5 个字:

（1）"灭",即扑灭伤员身上的火,使伤员尽快脱离热源,缩短烧伤时间。

（2）"查",即检查伤员呼吸、心跳情况,检查是否有其他外伤或有害气体中毒现象。对爆炸冲击烧伤伤员,应特别注意有无颅脑或内脏损伤和呼吸道烧伤。

（3）"防",即要防止休克、窒息、创面污染。伤员因疼痛和恐惧发生休克或发生急性喉头梗阻而窒息时,可进行人工呼吸等方法进行急救。为了减少创面的污染和损伤,在现场检查和搬运伤员时,伤员的衣服可以不脱、不剪开。

（4）"包",即用较干净的衣服把创面包裹起来,防止感染。在现场除化学烧伤可用大量流动的清水持续冲洗外,对创面一般不做处理,尽量不弄破水泡以保护表皮组织。

（5）"送",即把严重伤员迅速送往医院。

（六）溺水

对溺水人员应迅速采取下列急救措施:

（1）转送,即把溺水者从水中救出以后,要立即送到比较温暖和空气流通的地方,并且松开腰带,脱掉湿衣服,盖上干衣服,以保持体温。

（2）检查,即以最快的速度检查溺水者的口、鼻,如果有异物堵塞,应迅速清除,擦洗干净,以保持其呼吸道通畅。

（3）控水,使溺水者取俯卧位,用木料、衣服等垫在腹下;或救护者左腿跪下,把溺水者的腹部放在救护者的右侧大腿上,使溺水者头朝下,并压溺水者背部,迫使溺水者体内的水由气管、口腔里流出。

（4）人工呼吸,当上述方法控水效果不理想时,应立即做俯卧压背式人工呼吸或口对口吹气,或胸外心脏按压。

复习思考题

1. 井下发生灾害事故时的基本行动原则是什么?

2. 煤矿安全避险系统由哪六部分组成?

3. 防止瓦斯、煤尘爆炸时遭受伤害的措施有哪些?

4. 煤与瓦斯突出事故时的自救互救措施有哪些?

5. 矿井火灾事故时的自救互救措施有哪些?

6. 矿井透水事故时的自救互救措施有哪些?

7. 冒顶事故时的自救与互救措施有哪些?

8. 简述人工呼吸的操作要领。

9. 常见的止血方法有哪些?

10. 受伤煤矿作业人员运送的注意事项有哪些?

复习思考题答案

第四章

一、单选题

1. A   2. C   3. C   4. B   5. B   6. D   7. C   8. A

9. B   10. D

二、多选题

1. ABCD   2. ABCD   3. AB   4. BCD   5. ABCD

6. ABC   7. ABC   8. BCD   9. ABCE   10. ABCD

三、判断题

1. ×   2. √   3. ×   4. √   5. √   6. √   7. √

8. √   9. ×   10. √

第五章

一、单选题

1. A   2. B   3. A   4. B   5. B   6. A   7. A   8. A   9. A

二、多选题

1. ABCD   2. ABCD   3. ABCDE   4. ABCD   5. ABCD   6. ABC

7. ABCD   8. ABC   9. ABCD   10. ABC

三、判断题

1. √   2. √   3. √   4. √   5. ×   6. √   7. ×   8. ×

第六章

一、单选题

1. A   2. A   3. B   4. A   5. A   6. B   7. A   8. B   9. B

10. C

二、多选题

1. AB   2. CD   3. ABCD   4. ABCD   5. AB   6. AB   7. AB

8. AB   9. ABCD   10. ABCD

三、判断题

1. √　　2. √　　3. √　　4. √　　5. √　　6. √　　7. √　　8. √

9. √　　10. √

第七章

一、单选题

1. B　　2. A　　3. A　　4. C　　5. D　　6. C　　7. B　　8. C　　9. C

10. B

二、多选题

1. ABC　　2. ABC　　3. ABCD　　4. ABCDE　　5. ABCDE　　6. ABC

7. ABCDE　　8. ABCD　　9. ABCD　　10. ABCD

三、判断题

1. ×　　2. ×　　3. √　　4. √　　5. ×　　6. ×　　7. √　　8. ×

9. √　　10. √

第八章

一、单选题

1. B　　2. B　　3. B　　4. C　　5. D　　6. D　　7. C　　8. B　　9. B

10. C

二、多选题

1. ABC　　2. ABC　　3. ABCD　　4. ABCD　　5. BD　　6. BC

7. ABCD　　8. AB　　9. CD　　10. ABD

三、判断题

1. ×　　2. √　　3. √　　4. ×　　5. √　　6. ×　　7. √　　8. √

9. ×　　10. √

第九章

一、单选题

1. A　　2. A　　3. B　　4. A　　5. A　　6. C　　7. D　　8. B　　9. B

10. C

二、多选题

1. ABC　　2. ABCDE　　3. ABC　　4. ABC　　5. AC　　6. ABCD

7. AC   8. AC   9. ABCD   10. ABC

三、判断题

1. ×   2. √   3. √   4. √   5. ×   6. √   7. ×   8. √

9. √   10. √

第十章

一、单选题

1. B   2. A   3. B   4. C   5. A   6. B   7. A   8. B   9. B

10. A

二、多选题

1. AC   2. ABC   3. ABC   4. ABD   5. ABCD   6. ABD

7. ABCDE   8. ACD   9. ABCD   10. ABCD

三、判断题

1. √   2. ×   3. √   4. √   5. ×   6. √   7. ×   8. ×

9. ×   10. √

主要参考文献

[1] 国家安全生产监督管理总局,国家煤矿安全监察局.煤矿安全质量标准化基本要求及评分办法[M].北京:煤炭工业出版社,2013.

[2] 陈雄.安全生产法律法规[M].重庆:重庆大学出版社,2013.

[3] 国家煤矿安全监察局.煤矿瓦斯抽采基本指标(AQ 1026—2006)[S].北京:煤炭工业出版社,2006.

[4] 陈雄,蒋明庆,唐安祥.矿井灾害防治技术[M].2版.重庆:重庆大学出版社,2012.

[5] 国家安全生产监督管理总局,国家煤矿安全监察局.煤矿安全规程[M].北京:煤炭工业出版社,2011.

[6] 国家安全生产监督管理总局,国家煤矿安全监察局.《煤矿安全规程》专家解读(2011年修订版)[M].徐州:中国矿业大学出版社,2011.

[7] 国家安全生产监督管理总局宣传教育中心.煤矿主要负责人安全资格培训考核教材[M].2版.徐州:中国矿业大学出版社,2011.

[8] 陈雄,李洪刚.煤矿安全生产法律法规[M].2版.北京:煤炭工业出版社,2010.

[9] 袁亮.煤矿总工程师技术手册[M].北京:煤炭工业出版社,2010.

[10] 林伯泉.矿井瓦斯防治理论与技术[M].2版.徐州:中国矿业大学出版社,2010.

[11] 陈雄,何荣军.矿井瓦斯防治[M].重庆:重庆大学出版社,2010.

[12] 国家安全生产监督管理总局,国家煤矿安全监察局.防治煤与瓦斯突出规定[M].北京:煤炭工业出版社,2009.

[13] 国家安全生产监督管理总局,国家发展和改革委员会,国家能源局,国家煤矿安全监察局.煤矿瓦斯抽采达标暂行规定[M].北京:煤炭工业出版社,2011.

[14] 张子敏.瓦斯地质学[M].徐州:中国矿业大学出版社,2009.

[15] 国家安全生产监督管理总局.矿山救护规程[M].北京:煤炭工业出版

社,2008.

[16] 胡千庭. 矿井瓦斯抽采与瓦斯灾害防治[M]. 徐州:中国矿业大学出版社,2007.

[17] 张国枢. 通风安全学(修订本)[M]. 徐州:中国矿业大学出版社,2007.

[18] 王永安,朱云辉. 煤矿瓦斯防治[M]. 北京:煤炭工业出版社,2007.

[19] 林柏泉,张建国. 矿井瓦斯抽放理论与技术[M]. 2版. 徐州:中国矿业大学出版社,2007.

[20] 孙合应,陈雄. 矿山救护[M]. 北京:煤炭工业出版社,2007.

[21] 国家标准. 天然气的组成分析气相色谱法(GB/T 13610—2003)[S]. 北京:中国标准出版社,2003.

[22] 中国煤炭工业协会. 煤样的制备方法(GB 474—2008)[S]. 北京:中国标准出版社,2008.

[23] 国家安全生产监督管理局. 爆破安全规程[M]. 北京:中国标准出版社,2004.

[24] 博利申斯基. 煤与瓦斯突出预测方法和防治措施[M]. 北京:煤炭工业出版社,2003.

[25] 中国煤炭工业协会. 煤炭筛分试验方法(GB/T 477—2008)[S]. 北京:中国标准出版社,2008.

[26] 张铁岗. 矿井瓦斯综合治理技术[M]. 北京:煤炭工业出版社,2001.

[27] 包剑影. 阳泉煤矿瓦斯治理技术[M]. 北京:煤炭工业出版社,1996.

[28] 国家煤矿安全监察局. 保护层开采技术规范(AQ 1050—2008)[S]. 北京:煤炭工业出版社,2008.